주판으로 배우는 암산 수학
매직셈

· 주 · 판 · 으 · 로 · 배 · 우 · 는 · 암 · 산 · 수 · 학 ·

EQ를 올리는 올 매직셈

⭐ 세자리 수÷한자리

⭐ 세자리 수 5·7행 덧·뺄셈

⭐ 세자리 수×두자리

⭐ 두자리 수÷두자리

⭐ 세자리 수÷두자리

⭐ 네자리·세자리 수 4행 혼합 덧·뺄셈

세광m

주산식 암산수학
– 호산 및 플래쉬학습 훈련 학습장

칭찬 1
칭찬 2
칭찬 3
칭찬 4
칭찬 5
칭찬 6
칭찬 7
칭찬 8
칭찬 9
칭찬 10
칭찬 11
칭찬 12
칭찬 13
칭찬 14
칭찬 15
칭찬 16
칭찬 17
칭찬 18
칭찬 19
칭찬 20
칭찬 21
칭찬 22
칭찬 23
칭찬 24
칭찬 25
칭찬 26
칭찬 27
칭찬 28
칭찬 29
칭찬 30
칭찬 31
칭찬 32

1	1	1	1
2	2	2	2
3	3	3	3
4	4	4	4
5	5	5	5
6	6	6	6
7	7	7	7
8	8	8	8
9	9	9	9
10	10	10	10

1	1	1	1
2	2	2	2
3	3	3	3
4	4	4	4
5	5	5	5
6	6	6	6
7	7	7	7
8	8	8	8
9	9	9	9
10	10	10	10

주판으로 배우는 암산 수학
매직셈
www.magicsem.co.kr / 문의전화 : 080-3131-7404

주판으로 배우는 암산 수학

EQ를 **올**리는 매직셈 **7**

세광m

세 자리÷한 자리(몫:두 자리)(1)

 주판으로 해 보세요.

1	819 ÷ 9 =
2	208 ÷ 4 =
3	142 ÷ 2 =
4	217 ÷ 7 =
5	648 ÷ 8 =
6	455 ÷ 5 =
7	213 ÷ 3 =
8	486 ÷ 6 =
9	255 ÷ 5 =
10	287 ÷ 7 =
11	328 ÷ 8 =
12	279 ÷ 3 =
13	369 ÷ 9 =
14	208 ÷ 4 =
15	357 ÷ 7 =

⑯ 5)355   ⑰ 3)216   ⑱ 7)427

⑲ 6)366   ⑳ 2)124   ㉑ 9)459

㉒ 4)328   ㉓ 8)648   ㉔ 7)637

㉕ 9)549   ㉖ 8)248   ㉗ 5)305

⭐ 암산으로 해 보세요.

1	81 ÷ 9 =	6	16 ÷ 2 =
2	15 ÷ 5 =	7	48 ÷ 6 =
3	24 ÷ 3 =	8	64 ÷ 8 =
4	63 ÷ 7 =	9	35 ÷ 5 =
5	42 ÷ 6 =	10	32 ÷ 4 =

 주판으로 해 보세요.

	1	2	3	4	5
	457	427	629	836	789
	538	715	924	782	369
	754	−849	−536	364	274
	682	368	543	548	543
	367	752	876	264	836

6	372 + 329 + 543 + 126 + 427 =
7	642 − 436 + 787 − 325 + 326 =
8	749 + 152 + 379 + 284 + 527 =
9	517 − 374 + 987 − 549 − 143 =
10	375 + 256 + 258 + 191 + 658 =

 암산으로 해 보세요.

	1	2	3	4	5	6	7	8	9	10
	78	42	43	87	64	37	27	76	37	76
	−59	56	74	−36	−23	63	46	−44	64	−43
	37	84	62	79	85	52	58	98	85	89
	26	27	37	58	−54	27	74	−52	42	−58
	−53	43	45	−32	89	44	62	67	51	49

⭐ 주판으로 해 보세요.

1	92 × 36 =
2	84 × 27 =
3	47 × 59 =
4	78 × 42 =
5	63 × 56 =
6	74 × 42 =
7	27 × 45 =
8	67 × 29 =
9	29 × 48 =
10	37 × 15 =
11	83 × 26 =
12	60 × 48 =
13	74 × 57 =
14	13 × 49 =
15	37 × 58 =

16	287 ÷ 7 =
17	246 ÷ 6 =
18	182 ÷ 2 =
19	408 ÷ 8 =
20	216 ÷ 3 =
21	369 ÷ 9 =
22	455 ÷ 5 =
23	288 ÷ 4 =
24	328 ÷ 8 =
25	142 ÷ 2 =
26	567 ÷ 7 =
27	355 ÷ 5 =
28	213 ÷ 3 =
29	357 ÷ 7 =
30	486 ÷ 6 =

⭐ 암산으로 해 보세요.

1	7458 × 4 =
2	2137 × 8 =
3	3842 × 7 =
4	7354 × 6 =
5	4297 × 3 =

6	5 × 7453 =
7	9 × 2437 =
8	4 × 6549 =
9	2 × 4953 =
10	8 × 2747 =

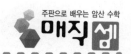

⭐ 주판으로 해 보세요.

	1	2	3	4	5
	586	922	837	456	328
	576	-757	257	769	-157
	432	843	849	247	-124
	924	-275	474	684	757
	738	769	593	459	478

6	735 + 269 + 504 + 739 + 391 =
7	373 - 257 + 842 - 543 + 769 =
8	276 + 538 + 407 + 256 + 849 =
9	635 - 427 + 437 - 429 + 648 =
10	367 + 548 + 269 + 157 + 478 =

⭐ 암산으로 해 보세요.

	1	2	3	4	5	6	7	8	9	10
	58	87	27	79	36	47	50	97	72	27
	72	29	43	74	25	25	-48	61	67	63
	-67	67	58	-36	57	18	79	-37	-33	52
	-33	53	24	46	43	36	-47	-92	-85	49
	85	46	16	-54	12	84	97	47	84	27

⭐ 암산으로 해 보세요.

1	9542 × 7 =
2	2374 × 5 =
3	6329 × 5 =
4	1682 × 7 =
5	4536 × 6 =
6	5739 × 2 =
7	3746 × 7 =
8	2374 × 8 =
9	9 × 2006 =
10	8 × 2010 =
11	4 × 3764 =
12	8 × 5937 =
13	9 × 1004 =
14	6 × 4354 =
15	8 × 1568 =

16	18 ÷ 2 =
17	32 ÷ 4 =
18	45 ÷ 5 =
19	45 ÷ 9 =
20	28 ÷ 4 =
21	16 ÷ 8 =
22	72 ÷ 9 =
23	36 ÷ 9 =
24	48 ÷ 6 =
25	27 ÷ 3 =
26	56 ÷ 7 =
27	16 ÷ 2 =
28	54 ÷ 6 =
29	45 ÷ 5 =
30	56 ÷ 8 =

31	32	33	34	35	36	37	38	39	40
41	79	76	58	65	35	74	94	69	56
26	−36	−28	29	−42	64	28	68	36	−29
35	65	63	62	53	52	67	−34	21	47
97	−48	−39	33	−29	21	34	−38	16	64
79	52	51	95	86	47	56	47	72	−72

연산학습

Q 1 계산을 하시오.

①
$$
\begin{array}{r} 32 \\ \times\ 23 \\ \hline \end{array}
$$

②
$$
\begin{array}{r} 24 \\ \times\ 27 \\ \hline \end{array}
$$

③
$$
\begin{array}{r} 25 \\ \times\ 39 \\ \hline \end{array}
$$

④
$$
\begin{array}{r} 38 \\ \times\ 24 \\ \hline \end{array}
$$

Q 2 계산을 하시오.

①
$$
\begin{array}{r} 844 \\ -\ 69 \\ \hline \end{array}
$$

②
$$
\begin{array}{r} 672 \\ -\ 93 \\ \hline \end{array}
$$

③
$$
\begin{array}{r} 354 \\ -\ 78 \\ \hline \end{array}
$$

④
$$
\begin{array}{r} 283 \\ -\ 98 \\ \hline \end{array}
$$

Q 3 계산을 하고 검산 식을 써넣으시오.

〈보기〉

$$
9\overline{)36} \quad 4
$$

검산

| 6 | × | 4 | = | 36 |

① $4\overline{)32}$

검산 □ × □ = □

② $7\overline{)49}$

검산 □ × □ = □

③ $5\overline{)15}$

검산 □ × □ = □

④ $6\overline{)24}$

검산 □ × □ = □

⑤ $8\overline{)56}$

검산 □ × □ = □

세 자리÷한 자리(몫:두 자리)(2)

 주판으로 해 보세요.

1	135 ÷ 9 =
2	280 ÷ 8 =
3	156 ÷ 2 =
4	252 ÷ 3 =
5	228 ÷ 4 =
6	378 ÷ 7 =
7	462 ÷ 6 =
8	216 ÷ 4 =
9	301 ÷ 7 =
10	495 ÷ 5 =
11	136 ÷ 4 =
12	282 ÷ 6 =
13	165 ÷ 3 =
14	176 ÷ 2 =
15	294 ÷ 7 =

⑯ 7)434

⑰ 3)225

⑱ 5)475

⑲ 4)352

⑳ 2)130

㉑ 6)582

㉒ 8)704

㉓ 6)504

㉔ 9)882

㉕ 5)495

㉖ 4)336

㉗ 8)280

⭐ 암산으로 해 보세요.(몫:한자리 … 나머지)

1	57 ÷ 6 =	6	49 ÷ 6 =
2	47 ÷ 9 =	7	68 ÷ 9 =
3	56 ÷ 6 =	8	24 ÷ 7 =
4	28 ÷ 3 =	9	33 ÷ 4 =
5	29 ÷ 4 =	10	31 ÷ 5 =

 주판으로 해 보세요.

올셈 7단계

1	2	3	4	5
847	720	547	272	276
237	976	632	426	328
659	-828	450	-547	677
437	-644	725	120	-899
248	756	467	-195	927

6	672 + 826 + 470 + 567 + 372 =
7	724 + 472 - 680 + 956 - 214 =
8	420 + 789 - 567 + 426 + 456 =
9	327 + 567 - 672 + 892 - 126 =
10	756 + 272 + 456 - 329 + 136 =

 암산으로 해 보세요.

1	2	3	4	5	6	7	8	9	10
73	96	42	92	87	74	78	27	88	14
-27	26	84	-49	56	32	-64	80	61	56
35	37	-96	67	27	20	41	67	44	71
67	56	24	-63	46	36	-14	49	78	-19
-89	67	36	78	32	27	-14	37	15	-25

★ 주판으로 해 보세요.

1	370 × 64 =
2	680 × 74 =
3	270 × 48 =
4	560 × 65 =
5	770 × 45 =
6	890 × 27 =
7	680 × 72 =
8	180 × 93 =
9	680 × 25 =
10	190 × 87 =
11	470 × 56 =
12	370 × 78 =
13	950 × 24 =
14	680 × 17 =
15	140 × 57 =

16	504 ÷ 9 =
17	392 ÷ 7 =
18	423 ÷ 9 =
19	300 ÷ 4 =
20	282 ÷ 3 =
21	632 ÷ 8 =
22	564 ÷ 6 =
23	375 ÷ 5 =
24	441 ÷ 7 =
25	140 ÷ 4 =
26	152 ÷ 2 =
27	423 ÷ 9 =
28	288 ÷ 3 =
29	584 ÷ 8 =
30	312 ÷ 4 =

★ 암산으로 해 보세요.

1	3764 × 9 =
2	4826 × 6 =
3	5974 × 8 =
4	3723 × 4 =
5	2847 × 7 =

6	4 × 5327 =
7	8 × 7856 =
8	3 × 5436 =
9	9 × 1827 =
10	6 × 3283 =

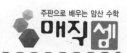

⭐ 주판으로 해 보세요.

	1	2	3	4	5
	436	378	809	580	488
	259	624	−378	821	108
	704	807	669	−298	679
	632	269	717	−416	−371
	879	978	−475	574	−572

6	704 − 532 + 849 − 347 + 374 =
7	871 − 456 + 594 + 492 + 536 =
8	679 + 267 + 356 + 378 + 248 =
9	486 − 378 + 419 − 118 + 468 =
10	579 + 278 + 691 + 189 + 709 =

⭐ 암산으로 해 보세요.

1	2	3	4	5	6	7	8	9	10
47	80	79	36	93	38	37	96	78	36
29	−27	−37	25	−74	41	81	−58	−47	79
54	64	59	39	52	89	27	34	−28	28
36	−59	−42	11	−69	72	63	−28	83	46
27	72	38	78	27	43	59	46	27	70

☆ 암산으로 해 보세요.

#	식
1	7 × 4250 =
2	4 × 5329 =
3	5 × 4736 =
4	7 × 3150 =
5	6 × 1054 =
6	7 × 2492 =
7	4 × 1587 =
8	6 × 5043 =
9	2115 × 4 =
10	7321 × 3 =
11	5849 × 1 =
12	4327 × 5 =
13	2005 × 3 =
14	2010 × 7 =
15	3725 × 8 =

#	식
16	70 ÷ 2 =
17	46 ÷ 2 =
18	63 ÷ 3 =
19	68 ÷ 4 =
20	70 ÷ 5 =
21	77 ÷ 7 =
22	57 ÷ 3 =
23	48 ÷ 2 =
24	36 ÷ 3 =
25	84 ÷ 4 =
26	82 ÷ 2 =
27	88 ÷ 8 =
28	68 ÷ 2 =
29	54 ÷ 3 =
30	50 ÷ 5 =

31	32	33	34	35	36	37	38	39	40
29	45	72	88	84	79	27	68	49	83
83	73	26	−61	−26	−67	56	34	53	27
18	−54	54	56	45	30	−46	−26	27	65
56	89	86	−37	65	−16	54	55	65	59
42	−63	27	76	−37	74	−60	−66	42	42

연산학습

Q 1 계산을 하시오.

① $\begin{array}{r} 46 \\ \times\ 31 \\ \hline \end{array}$ ② $\begin{array}{r} 76 \\ \times\ 38 \\ \hline \end{array}$ ③ $\begin{array}{r} 59 \\ \times\ 42 \\ \hline \end{array}$ ④ $\begin{array}{r} 97 \\ \times\ 63 \\ \hline \end{array}$

Q 2 계산을 하시오.

① $436 - 56 =$ ② $758 - 99 =$

③ $915 - 39 =$ ④ $627 - 49 =$

Q 3 계산을 하고 검산 식을 써넣으시오.

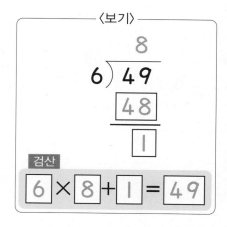

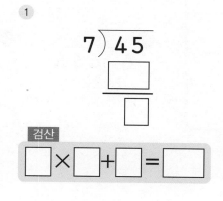

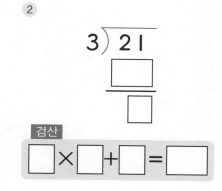

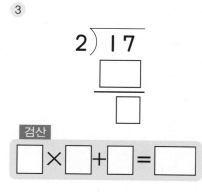

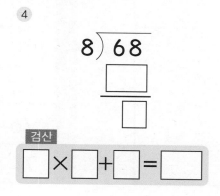

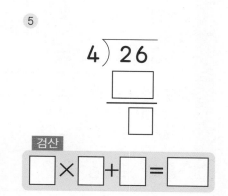

세 자리÷한 자리(몫:두 자리)(3)

 주판으로 해 보세요.

1	475 ÷ 5 =
2	427 ÷ 7 =
3	192 ÷ 6 =
4	292 ÷ 4 =
5	168 ÷ 3 =
6	130 ÷ 2 =
7	704 ÷ 8 =
8	378 ÷ 7 =
9	582 ÷ 6 =
10	110 ÷ 2 =
11	252 ÷ 4 =
12	294 ÷ 7 =
13	261 ÷ 9 =
14	162 ÷ 3 =
15	581 ÷ 7 =

⑯ 9) 297 ⑰ 7) 231 ⑱ 4) 256

⑲ 5) 225 ⑳ 3) 195 ㉑ 6) 258

㉒ 2) 190 ㉓ 4) 148 ㉔ 8) 376

㉕ 6) 444 ㉖ 5) 335 ㉗ 2) 178

⭐ 암산으로 해 보세요.

1	70 ÷ 5 =	6	92 ÷ 4 =
2	63 ÷ 3 =	7	90 ÷ 5 =
3	98 ÷ 7 =	8	54 ÷ 3 =
4	96 ÷ 4 =	9	96 ÷ 8 =
5	84 ÷ 6 =	10	74 ÷ 2 =

⭐ 주판으로 해 보세요.

	1	2	3	4	5
	237	327	579	420	429
	639	-291	701	-391	370
	763	457	286	570	232
	547	-379	824	-283	573
	269	420	709	924	159

6	547 - 236 + 749 + 237 - 326 =
7	429 + 386 + 240 + 327 + 802 =
8	291 + 429 + 372 + 671 + 517 =
9	132 + 279 + 457 - 329 + 721 =
10	739 + 361 + 291 + 103 + 294 =

⭐ 암산으로 해 보세요.

1	2	3	4	5	6	7	8	9	10
47	21	48	37	56	47	87	86	86	79
26	47	70	-12	71	-14	-14	-48	19	-17
58	34	61	32	19	36	67	56	94	-28
29	57	39	63	22	-28	25	-77	79	48
36	25	52	-37	39	49	-37	61	24	75

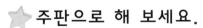

★ 주판으로 해 보세요.

1	357 × 46 =	16	656 ÷ 8 =
2	227 × 59 =	17	378 ÷ 7 =
3	738 × 47 =	18	198 ÷ 2 =
4	657 × 16 =	19	440 ÷ 5 =
5	428 × 87 =	20	294 ÷ 6 =
6	347 × 56 =	21	136 ÷ 4 =
7	968 × 14 =	22	222 ÷ 3 =
8	825 × 66 =	23	154 ÷ 7 =
9	239 × 57 =	24	396 ÷ 9 =
10	408 × 27 =	25	332 ÷ 4 =
11	271 × 38 =	26	252 ÷ 3 =
12	245 × 62 =	27	574 ÷ 7 =
13	738 × 17 =	28	134 ÷ 2 =
14	745 × 84 =	29	480 ÷ 5 =
15	354 × 36 =	30	198 ÷ 6 =

★ 암산으로 해 보세요.

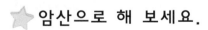

1	9542 × 4 =	6	9 × 4327 =
2	3756 × 8 =	7	7 × 5264 =
3	7264 × 7 =	8	4 × 7260 =
4	4472 × 6 =	9	3 × 8767 =
5	9329 × 5 =	10	6 × 4826 =

⭐ 주판으로 해 보세요.

	1	2	3	4	5
	479	842	347	287	561
	287	-294	579	446	673
	506	-376	-364	549	-324
	742	447	438	676	-199
	467	653	876	298	947

6	419 + 578 + 676 + 705 + 892 =
7	299 + 947 - 642 + 379 - 408 =
8	843 + 376 + 391 - 107 - 656 =
9	682 + 397 + 482 + 291 + 491 =
10	197 + 831 + 937 + 489 + 297 =

⭐ 암산으로 해 보세요.

1	2	3	4	5	6	7	8	9	10
48	48	81	67	51	72	67	92	67	29
27	-25	28	-18	29	36	18	23	-13	43
34	57	34	-27	64	-41	-29	47	36	37
57	68	56	45	57	53	-32	62	57	62
69	-32	42	96	38	-64	54	53	-18	29

⭐ 암산으로 해 보세요.

1	$3792 \times 4 =$
2	$5832 \times 7 =$
3	$7382 \times 2 =$
4	$6549 \times 7 =$
5	$2837 \times 5 =$
6	$6054 \times 3 =$
7	$1962 \times 7 =$
8	$5736 \times 8 =$
9	$1 \times 6231 =$
10	$2 \times 8474 =$
11	$5 \times 4973 =$
12	$6 \times 4235 =$
13	$2 \times 6415 =$
14	$7 \times 3071 =$
15	$5 \times 2092 =$

16	$40 \div 3 =$
17	$49 \div 4 =$
18	$37 \div 3 =$
19	$41 \div 4 =$
20	$29 \div 2 =$
21	$52 \div 5 =$
22	$76 \div 6 =$
23	$67 \div 6 =$
24	$56 \div 5 =$
25	$34 \div 3 =$
26	$82 \div 3 =$
27	$89 \div 2 =$
28	$98 \div 8 =$
29	$61 \div 6 =$
30	$89 \div 8 =$

31	32	33	34	35	36	37	38	39	40
29	85	78	24	42	34	61	44	62	98
74	−69	82	64	27	93	58	−31	−47	−72
68	29	77	73	−32	60	−33	85	74	65
78	−36	−53	38	45	44	74	−26	−21	−13
21	48	−15	45	−16	55	−21	58	56	47

연산학습

Q 1 계산을 하시오.

① $65 \times 36 =$

② $35 \times 54 =$

③ $49 \times 26 =$

④ $53 \times 92 =$

Q 2 ☐ 안에 알맞은 수를 써넣으시오.

①
```
  5☐6
-  79
  45☐
```

②
```
  864
- ☐☐☐
  769
```

③
```
  ☐9☐
-  48
  445
```

④
```
  7☐6
-  3☐
  679
```

Q 3 계산을 하고 검산 식을 써넣으시오.

①
```
2)13
  ☐
  ☐
```
검산 $2 \times 6 + 1 = 13$

②
```
7)39
  ☐
  ☐
```
검산 $☐ \times ☐ + ☐ = ☐$

③
```
4)24
  ☐
  ☐
```
검산 $☐ \times ☐ + ☐ = ☐$

④
```
6)51
  ☐
  ☐
```
검산 $☐ \times ☐ + ☐ = ☐$

⑤
```
5)45
  ☐
  ☐
```
검산 $☐ \times ☐ + ☐ = ☐$

⑥
```
3)25
  ☐
  ☐
```
검산 $☐ \times ☐ + ☐ = ☐$

세 자리÷한 자리(몫:두 자리)(4)

 주판으로 해 보세요.

1	729 ÷ 9 =
2	147 ÷ 7 =
3	144 ÷ 2 =
4	153 ÷ 3 =
5	255 ÷ 5 =
6	186 ÷ 6 =
7	216 ÷ 3 =
8	656 ÷ 8 =
9	132 ÷ 2 =
10	264 ÷ 4 =
11	558 ÷ 6 =
12	375 ÷ 5 =
13	256 ÷ 4 =
14	138 ÷ 6 =
15	114 ÷ 2 =

⑯ 7)567 ⑰ 3)162 ⑱ 2)158

⑲ 5)325 ⑳ 4)172 ㉑ 9)351

㉒ 3)138 ㉓ 6)252 ㉔ 8)296

㉕ 4)216 ㉖ 2)142 ㉗ 6)438

⭐ 암산으로 해 보세요.(몫:두자리 … 나머지)

1	73 ÷ 3 =	6	95 ÷ 4 =
2	45 ÷ 2 =	7	93 ÷ 9 =
3	89 ÷ 6 =	8	90 ÷ 7 =
4	95 ÷ 7 =	9	93 ÷ 8 =
5	99 ÷ 8 =	10	44 ÷ 3 =

 주판으로 해 보세요.

1	2	3	4	5
573	687	463	341	634
357	923	329	807	287
581	-548	587	-526	492
901	267	642	749	854
425	-846	857	-727	461

6	257 + 656 + 749 + 486 + 258 =
7	401 − 257 + 487 − 329 + 476 =
8	436 + 592 + 647 + 748 + 469 =
9	376 − 254 + 489 + 746 + 427 =
10	253 − 146 + 893 − 248 − 444 =

⭐ 암산으로 해 보세요.

1	2	3	4	5	6	7	8	9	10
37	45	36	44	63	57	79	62	27	50
64	-24	59	-19	37	49	52	49	85	-26
59	-18	48	66	52	-74	47	-74	61	78
48	76	67	-47	39	88	66	52	49	-69
64	48	86	49	76	-72	47	-26	73	38

⭐ 주판으로 해 보세요.

1	54 × 579 =
2	79 × 240 =
3	86 × 430 =
4	27 × 562 =
5	76 × 837 =
6	47 × 508 =
7	79 × 431 =
8	64 × 407 =
9	15 × 149 =
10	27 × 354 =
11	42 × 362 =
12	27 × 463 =
13	54 × 390 =
14	15 × 389 =
15	27 × 848 =

16	227 ÷ 3 =
17	579 ÷ 6 =
18	445 ÷ 6 =
19	339 ÷ 8 =
20	358 ÷ 9 =
21	263 ÷ 4 =
22	464 ÷ 5 =
23	338 ÷ 4 =
24	779 ÷ 9 =
25	179 ÷ 7 =
26	872 ÷ 9 =
27	408 ÷ 5 =
28	299 ÷ 7 =
29	219 ÷ 4 =
30	877 ÷ 9 =

⭐ 암산으로 해 보세요.

1	5492 × 4 =
2	4527 × 8 =
3	3796 × 7 =
4	5842 × 5 =
5	5937 × 7 =

6	7174 × 6 =
7	5432 × 9 =
8	4182 × 2 =
9	8225 × 3 =
10	3576 × 4 =

올셈 7단계

⭐ 주판으로 해 보세요.

	1	2	3	4	5
	637	486	237	768	652
	−429	957	659	−437	529
	968	376	276	659	428
	436	875	832	562	767
	−875	549	749	−747	876

6	752 + 648 + 529 + 636 + 537 =
7	657 − 435 + 657 + 756 − 429 =
8	653 + 746 + 287 + 549 + 736 =
9	427 − 256 + 658 + 746 − 529 =
10	875 + 746 + 458 + 657 + 443 =

⭐ 암산으로 해 보세요.

1	2	3	4	5	6	7	8	9	10
57	76	79	87	83	98	27	83	76	87
29	−43	57	−54	52	−36	49	−58	59	54
36	58	42	29	65	47	52	49	27	27
48	76	74	99	27	39	75	27	68	42
74	−84	83	−47	46	−87	46	−48	42	78

암산으로 해 보세요.

1	34 × 20 =
2	42 × 30 =
3	27 × 40 =
4	37 × 50 =
5	69 × 40 =
6	24 × 90 =
7	83 × 70 =
8	95 × 20 =
9	68 × 30 =
10	49 × 40 =
11	48 × 20 =
12	98 × 40 =
13	76 × 30 =
14	54 × 50 =
15	37 × 20 =

16	90 × 38 =
17	60 × 54 =
18	50 × 36 =
19	20 × 39 =
20	50 × 76 =
21	70 × 46 =
22	50 × 87 =
23	70 × 94 =
24	30 × 37 =
25	20 × 26 =
26	80 × 54 =
27	40 × 39 =
28	10 × 78 =
29	50 × 49 =
30	40 × 56 =

31	32	33	34	35	36	37	38	39	40
97	91	46	55	57	91	57	79	73	27
13	21	54	74	46	21	74	−67	68	56
−45	−43	68	−42	29	−44	−43	35	34	−46
23	36	92	69	−54	36	69	−14	21	54
−22	−16	14	78	63	−15	−38	74	92	−67

연 산 학 습

주판으로 배우는 암산 수학 매직셈

Q 1 계산을 하시오.

① $\begin{array}{r} 26 \\ \times 73 \\ \hline \end{array}$ ② $\begin{array}{r} 93 \\ \times 46 \\ \hline \end{array}$ ③ $\begin{array}{r} 47 \\ \times 69 \\ \hline \end{array}$ ④ $\begin{array}{r} 81 \\ \times 39 \\ \hline \end{array}$

Q 2 계산을 하시오.

① $652-63=$ ② $337-98=$

③ $914-88=$ ④ $288-56=$

Q 3 계산을 하고 검산 식을 써넣으시오. (몫 한자리)⋯나머지

① $7\overline{)53}$ ⋯☐   ② $9\overline{)71}$ ⋯☐   ③ $4\overline{)32}$ ⋯☐

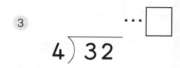

검산 ☐ × ☐ + ☐ = ☐   검산 ☐ × ☐ + ☐ = ☐   검산 ☐ × ☐ + ☐ = ☐

④ $7\overline{)36}$ ⋯☐   ⑤ $6\overline{)44}$ ⋯☐   ⑥ $5\overline{)28}$ ⋯☐

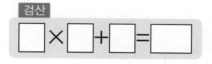

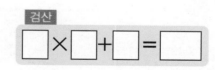

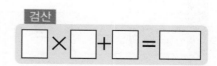

검산 ☐ × ☐ + ☐ = ☐   검산 ☐ × ☐ + ☐ = ☐   검산 ☐ × ☐ + ☐ = ☐

세 자리÷한 자리 (몫:세 자리)

 주판으로 해 보세요.

1	954 ÷ 9 =
2	812 ÷ 4 =
3	749 ÷ 7 =
4	540 ÷ 5 =
5	654 ÷ 6 =
6	633 ÷ 3 =
7	426 ÷ 2 =
8	888 ÷ 8 =
9	642 ÷ 6 =
10	535 ÷ 5 =
11	927 ÷ 3 =
12	749 ÷ 7 =
13	648 ÷ 6 =
14	840 ÷ 8 =
15	936 ÷ 9 =

16 4) 928   17 2) 644   18 9) 945

19 5) 555   20 3) 645   21 8) 824

22 4) 848   23 7) 742   24 6) 696

25 2) 464   26 4) 884   27 8) 832

⭐ 암산으로 해 보세요.

1	336 ÷ 4 =	6	468 ÷ 6 =
2	186 ÷ 2 =	7	465 ÷ 5 =
3	357 ÷ 7 =	8	222 ÷ 3 =
4	279 ÷ 9 =	9	328 ÷ 8 =
5	432 ÷ 6 =	10	405 ÷ 9 =

 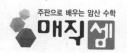

 주판으로 해 보세요.

	1	2	3	4	5
	593	843	487	239	197
	347	−217	632	810	920
	274	392	571	−404	472
	409	−713	393	−578	674
	547	646	812	671	209

6	467 − 254 + 306 + 747 − 809 =
7	719 + 378 + 891 + 407 + 927 =
8	486 − 279 + 376 − 297 + 334 =
9	624 − 409 + 390 + 672 − 249 =
10	711 + 591 + 642 + 297 + 361 =

 암산으로 해 보세요.

1	2	3	4	5	6	7	8	9	10
72	97	83	61	37	87	27	88	48	69
47	−31	71	−34	62	−14	67	−21	56	−24
64	78	43	27	34	−29	54	45	77	82
59	−68	52	91	56	38	28	−37	38	−37
46	84	37	−34	78	−44	36	82	69	61

⭐ 주판으로 해 보세요.

1	257 × 46 =	16	642 ÷ 6 =
2	687 × 79 =	17	702 ÷ 3 =
3	747 × 92 =	18	777 ÷ 7 =
4	868 × 24 =	19	848 ÷ 4 =
5	437 × 79 =	20	648 ÷ 6 =
6	729 × 53 =	21	832 ÷ 8 =
7	684 × 22 =	22	468 ÷ 2 =
8	707 × 43 =	23	545 ÷ 5 =
9	870 × 99 =	24	728 ÷ 7 =
10	158 × 67 =	25	693 ÷ 3 =
11	470 × 59 =	26	824 ÷ 4 =
12	264 × 78 =	27	936 ÷ 9 =
13	761 × 82 =	28	636 ÷ 3 =
14	148 × 36 =	29	648 ÷ 2 =
15	729 × 29 =	30	535 ÷ 5 =

⭐ 암산으로 해 보세요.

1	4736 × 5 =	6	190 ÷ 2 =
2	3692 × 9 =	7	264 ÷ 8 =
3	5796 × 7 =	8	225 ÷ 3 =
4	3366 × 6 =	9	336 ÷ 4 =
5	5964 × 7 =	10	378 ÷ 7 =

⭐ 주판으로 해 보세요.

	1	2	3	4	5
	326	636	836	236	754
	547	574	154	549	−443
	849	−455	429	663	876
	948	579	476	478	543
	532	427	555	548	978

6	327 + 657 + 709 + 436 + 584 =
7	647 + 529 − 451 + 788 − 256 =
8	369 + 536 + 238 + 407 + 504 =
9	843 + 786 − 473 + 654 + 436 =
10	646 + 259 + 547 + 348 + 236 =

⭐ 암산으로 해 보세요.

1	2	3	4	5	6	7	8	9	10
58	37	74	33	81	62	36	15	29	48
49	64	−36	54	−37	17	−14	26	47	−15
27	89	53	29	56	59	57	58	56	47
69	52	−27	15	−42	63	−28	42	84	68
57	47	26	28	46	74	49	18	38	41

1	$80 \times 32 =$
2	$70 \times 64 =$
3	$60 \times 37 =$
4	$40 \times 84 =$
5	$20 \times 92 =$
6	$90 \times 55 =$
7	$30 \times 76 =$
8	$50 \times 43 =$
9	$20 \times 98 =$
10	$60 \times 76 =$
11	$70 \times 42 =$
12	$40 \times 58 =$
13	$70 \times 74 =$
14	$80 \times 37 =$
15	$40 \times 98 =$

16	$67 \times 30 =$
17	$53 \times 60 =$
18	$45 \times 50 =$
19	$97 \times 20 =$
20	$86 \times 80 =$
21	$43 \times 40 =$
22	$59 \times 30 =$
23	$74 \times 60 =$
24	$92 \times 20 =$
25	$36 \times 90 =$
26	$42 \times 60 =$
27	$59 \times 20 =$
28	$74 \times 50 =$
29	$83 \times 40 =$
30	$68 \times 30 =$

31	32	33	34	35	36	37	38	39	40
54	79	67	45	29	87	64	27	89	58
46	−37	27	73	83	76	82	36	76	29
29	66	49	−54	18	−61	−76	52	−37	62
68	59	38	89	56	47	29	64	48	43
36	42	76	−67	42	−34	54	89	29	76

연산학습

Q 1 계산을 하시오.

① $34 \times 75 =$ ② $56 \times 93 =$

③ $81 \times 85 =$ ④ $47 \times 62 =$

Q 2 빈 칸에 나눗셈의 몫(한자리)과 나머지를 써넣으시오.

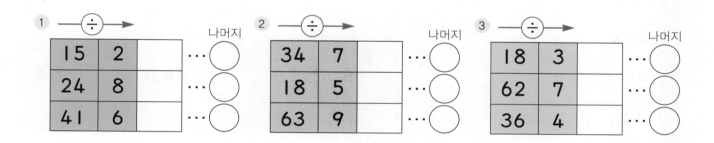

Q 3 빈 칸에 알맞은 수를 써넣으시오.(몫 두자리)…나머지

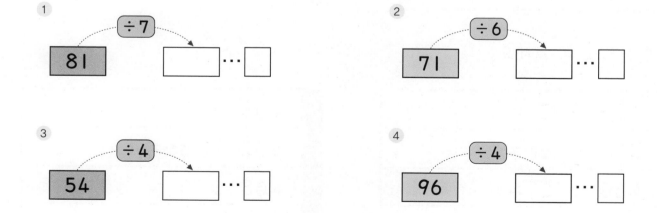

세 자리÷한 자리 (몫:두,세 자리…나머지)

 주판으로 해 보세요.

1	409 ÷ 8 =
2	191 ÷ 2 =
3	238 ÷ 3 =
4	642 ÷ 8 =
5	521 ÷ 7 =
6	496 ÷ 9 =
7	920 ÷ 9 =
8	709 ÷ 4 =
9	818 ÷ 3 =
10	589 ÷ 2 =
11	999 ÷ 8 =
12	677 ÷ 2 =
13	409 ÷ 2 =
14	813 ÷ 8 =
15	904 ÷ 5 =

⑯ 7) 619   ⑰ 9) 854   ⑱ 6) 817

⑲ 5) 732   ⑳ 9) 925   ㉑ 3) 485

㉒ 4) 558   ㉓ 9) 948   ㉔ 7) 848

㉕ 5) 439   ㉖ 9) 227   ㉗ 8) 509

⭐ 암산으로 해 보세요.

1	186 ÷ 2 =	6	108 ÷ 3 =
2	576 ÷ 6 =	7	432 ÷ 8 =
3	460 ÷ 5 =	8	468 ÷ 6 =
4	225 ÷ 3 =	9	423 ÷ 9 =
5	261 ÷ 3 =	10	405 ÷ 5 =

⭐ 주판으로 해 보세요.

1	2	3	4	5
364	357	787	682	374
572	549	296	-438	247
297	-234	359	975	857
462	824	754	-592	444
789	-542	427	-416	799

6	757 − 431 + 874 + 978 − 542 =
7	284 + 547 + 489 + 869 + 974 =
8	354 + 297 + 548 + 262 + 837 =
9	876 − 543 + 894 + 657 − 953 =
10	514 − 372 + 876 − 754 + 468 =

⭐ 암산으로 해 보세요.

1	2	3	4	5	6	7	8	9	10
91	23	73	36	35	75	84	87	52	47
54	52	-45	52	46	53	-53	54	48	79
-36	47	68	47	78	98	88	49	69	47
74	48	-33	89	87	43	76	72	78	25
-87	79	47	47	44	77	-54	75	79	76

⭐ 주판으로 해 보세요.

1	876 × 10 =
2	507 × 49 =
3	476 × 53 =
4	874 × 86 =
5	249 × 34 =
6	547 × 98 =
7	626 × 15 =
8	754 × 49 =
9	632 × 62 =
10	511 × 72 =
11	542 × 16 =
12	954 × 27 =
13	742 × 18 =
14	636 × 47 =
15	784 × 58 =

16	642 ÷ 6 =
17	845 ÷ 5 =
18	584 ÷ 4 =
19	816 ÷ 2 =
20	749 ÷ 7 =
21	535 ÷ 5 =
22	693 ÷ 3 =
23	478 ÷ 2 =
24	972 ÷ 9 =
25	984 ÷ 8 =
26	792 ÷ 6 =
27	702 ÷ 3 =
28	791 ÷ 7 =
29	942 ÷ 6 =
30	576 ÷ 4 =

⭐ 암산으로 해 보세요.

1	1936 × 7 =
2	2756 × 6 =
3	3657 × 4 =
4	6284 × 3 =
5	6742 × 5 =

6	485 ÷ 5 =
7	297 ÷ 3 =
8	608 ÷ 8 =
9	276 ÷ 4 =
10	178 ÷ 2 =

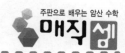

주판으로 해 보세요.

	1	2	3	4	5
	470	849	537	586	719
	236	−476	−245	237	248
	542	459	−152	652	472
	694	687	368	136	618
	847	−746	549	709	316

6	476 + 542 − 777 + 324 + 698 =
7	438 + 767 + 429 + 547 + 297 =
8	846 − 252 − 476 + 777 + 549 =
9	382 + 472 + 637 + 498 + 532 =
10	874 − 444 + 786 − 549 + 333 =

암산으로 해 보세요.

1	2	3	4	5	6	7	8	9	10
72	97	37	45	97	89	48	50	92	72
69	−45	49	58	61	94	46	−32	51	46
58	29	14	46	−53	47	−52	46	−68	44
47	56	27	47	−24	26	77	38	75	69
86	−63	58	47	87	58	46	27	−36	47

★ 암산으로 해 보세요.

1	25 × 41 =
2	86 × 71 =
3	64 × 21 =
4	23 × 91 =
5	89 × 51 =
6	61 × 81 =
7	76 × 61 =
8	28 × 51 =
9	63 × 71 =
10	89 × 41 =
11	71 × 21 =
12	48 × 41 =
13	96 × 61 =
14	32 × 71 =
15	64 × 41 =

16	61 × 39 =
17	81 × 98 =
18	31 × 54 =
19	71 × 19 =
20	91 × 35 =
21	51 × 24 =
22	81 × 87 =
23	61 × 34 =
24	41 × 35 =
25	51 × 24 =
26	61 × 82 =
27	91 × 67 =
28	41 × 58 =
29	71 × 59 =
30	81 × 66 =

31	32	33	34	35	36	37	38	39	40
89	37	57	45	34	28	82	94	25	57
23	92	24	68	−21	42	29	−31	92	60
81	76	88	−93	70	56	72	58	43	31
−76	51	37	62	44	91	51	64	36	−63
−38	82	69	84	−18	79	74	−29	57	−22

연산학습

올셈 7단계

Q 1 빈 칸에 알맞은 수를 써넣으시오.

① ⟶×⟶

54	73	
87	35	
43	65	

② ⟶×⟶

67	84	
46	92	
75	48	

③ ⟶×⟶

24	69	
57	19	
97	63	

Q 2 ☐ 안에 알맞은 수를 써넣으시오.(몫 한자리,두자리)

① 14 ÷ 2 = ☐
60 ÷ 2 = ☐
74 ÷ 2 = ☐

② 14 ÷ 7 = ☐
70 ÷ 7 = ☐
84 ÷ 7 = ☐

③ 24 ÷ 4 = ☐
40 ÷ 4 = ☐
64 ÷ 4 = ☐

Q 3 빈칸에 알맞은 수를 써넣으시오.(몫 두자리)…나머지

①
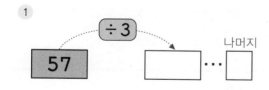

②
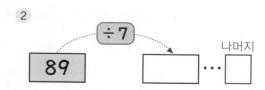

③
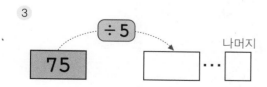

④
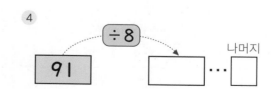

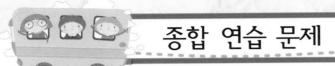

종합 연습 문제

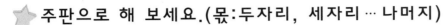

⭐ 주판으로 해 보세요.(몫:두자리, 세자리 … 나머지)

1	939 ÷ 9 =		16	569 ÷ 9 =
2	263 ÷ 3 =		17	379 ÷ 4 =
3	407 ÷ 6 =		18	380 ÷ 8 =
4	473 ÷ 5 =		19	330 ÷ 4 =
5	882 ÷ 8 =		20	782 ÷ 9 =
6	724 ÷ 5 =		21	269 ÷ 7 =
7	691 ÷ 9 =		22	539 ÷ 8 =
8	556 ÷ 7 =		23	483 ÷ 5 =
9	808 ÷ 9 =		24	293 ÷ 3 =
10	482 ÷ 7 =		25	865 ÷ 7 =
11	325 ÷ 6 =		26	461 ÷ 6 =
12	717 ÷ 7 =		27	565 ÷ 9 =
13	393 ÷ 2 =		28	438 ÷ 5 =
14	399 ÷ 4 =		29	232 ÷ 6 =
15	771 ÷ 8 =		30	925 ÷ 9 =

⭐ 암산으로 해 보세요.

1	351 ÷ 9 =		6	138 ÷ 3 =
2	320 ÷ 6 =		7	276 ÷ 6 =
3	152 ÷ 2 =		8	434 ÷ 7 =
4	232 ÷ 8 =		9	472 ÷ 8 =
5	217 ÷ 7 =		10	156 ÷ 4 =

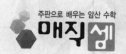

주판으로 해 보세요.

1	2	3	4	5
412	386	735	378	289
728	472	-368	917	710
-271	659	652	213	421
643	723	-514	456	385
319	576	892	791	-532
-824	391	217	422	-107

6	391 + 279 + 789 - 325 + 805 - 571 =
7	179 + 283 + 456 + 581 + 109 + 384 =
8	491 + 345 - 783 + 352 + 791 - 409 =
9	570 + 791 + 932 + 675 + 472 + 378 =
10	491 + 924 + 473 + 309 + 603 + 631 =

암산으로 해 보세요.

1	2	3	4	5	6	7	8	9	10
91	82	37	79	81	91	67	83	57	45
-47	49	91	43	33	-24	31	-44	60	57
50	50	85	67	64	36	70	72	42	-13
76	32	-52	52	55	-73	54	-61	56	62
-38	71	-46	71	39	42	82	55	73	-81

1	460 × 92 =
2	549 × 27 =
3	648 × 42 =
4	476 × 68 =
5	648 × 43 =
6	450 × 51 =
7	549 × 21 =
8	375 × 54 =
9	647 × 52 =
10	746 × 43 =
11	342 × 38 =
12	547 × 19 =
13	936 × 47 =
14	225 × 58 =
15	493 × 79 =

16	38 × 475 =
17	36 × 288 =
18	54 × 324 =
19	72 × 360 =
20	68 × 474 =
21	24 × 559 =
22	58 × 837 =
23	64 × 427 =
24	29 × 418 =
25	76 × 549 =
26	31 × 564 =
27	68 × 423 =
28	47 × 879 =
29	28 × 746 =
30	29 × 504 =

평가

확인

암산으로 해 보세요.

1	64 × 48 =
2	36 × 72 =
3	84 × 76 =
4	48 × 94 =
5	25 × 44 =

6	70 × 84 =
7	64 × 27 =
8	53 × 29 =
9	84 × 48 =
10	74 × 46 =

공부한 날

월

일

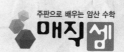

⭐ 주판으로 해 보세요.

1	2	3	4	5
475	724	801	502	624
613	375	−254	734	701
−206	801	642	561	−273
812	372	−369	803	−592
−524	568	713	327	810
379	461	527	416	437

6	437 + 549 + 648 + 276 + 548 + 437 =
7	464 + 594 − 379 + 758 − 546 + 648 =
8	924 + 541 + 136 + 215 + 427 + 158 =
9	673 + 199 − 387 + 943 − 154 + 479 =
10	936 + 148 + 757 + 684 + 379 + 537 =

⭐ 암산으로 해 보세요.

1	2	3	4	5	6	7	8	9	10
63	54	96	64	26	83	48	73	87	47
−24	67	54	−25	57	25	27	27	52	58
48	35	49	38	43	−54	63	64	−43	69
97	76	61	69	68	28	54	52	79	−75
−55	62	23	−52	47	−43	49	73	−24	62
82	65	59	27	43	64	27	65	56	43

공부한 날

월

일

두 자리÷두 자리 (몫:한 자리)

 주판으로 해 보세요.

1	44 ÷ 11 =
2	78 ÷ 39 =
3	74 ÷ 74 =
4	84 ÷ 28 =
5	90 ÷ 10 =
6	38 ÷ 19 =
7	75 ÷ 25 =
8	69 ÷ 23 =
9	76 ÷ 19 =
10	88 ÷ 11 =
11	92 ÷ 46 =
12	64 ÷ 32 =
13	48 ÷ 12 =
14	48 ÷ 24 =
15	86 ÷ 43 =

16. 18) 54
17. 24) 96
18. 16) 80

19. 23) 92
20. 48) 96
21. 12) 96

22. 16) 64
23. 34) 68
24. 11) 77

25. 17) 68
26. 45) 90
27. 21) 84

⭐ 암산으로 해 보세요.

1	261 ÷ 3 =	6	371 ÷ 7 =
2	712 ÷ 8 =	7	235 ÷ 5 =
3	141 ÷ 3 =	8	425 ÷ 5 =
4	408 ÷ 6 =	9	162 ÷ 2 =
5	592 ÷ 8 =	10	558 ÷ 9 =

⭐ 주판으로 해 보세요.

1	2	3	4	5
707	697	448	154	644
234	-427	889	247	436
549	832	957	642	389
242	584	714	548	423
748	-276	242	614	382
706	587	849	254	637
847	254	148	642	957

6	690 + 399 + 413 + 569 + 433 + 837 + 158 =
7	378 + 426 + 261 − 362 + 224 − 147 + 642 =
8	415 − 378 + 581 + 649 − 952 + 153 + 876 =
9	736 − 532 + 687 − 159 + 468 − 148 + 158 =
10	532 − 491 + 759 + 427 − 952 + 237 + 437 =

⭐ 암산으로 해 보세요.

1	2	3	4	5	6	7	8	9	10
69	86	71	87	24	26	56	64	68	37
45	-42	76	-77	32	87	-48	27	-29	72
51	24	48	68	51	-48	93	36	48	96
76	-57	37	70	32	36	31	52	93	42
78	92	48	-59	69	67	-94	47	-72	52
43	27	62	43	57	-43	64	29	73	82

⭐ 주판으로 해 보세요.

1	387 × 52 =	16	72 ÷ 18 =
2	276 × 42 =	17	87 ÷ 29 =
3	279 × 39 =	18	72 ÷ 24 =
4	196 × 58 =	19	95 ÷ 19 =
5	217 × 42 =	20	64 ÷ 32 =
6	676 × 23 =	21	90 ÷ 10 =
7	137 × 42 =	22	38 ÷ 19 =
8	492 × 39 =	23	96 ÷ 24 =
9	338 × 72 =	24	75 ÷ 25 =
10	679 × 87 =	25	90 ÷ 15 =
11	264 × 36 =	26	69 ÷ 23 =
12	484 × 66 =	27	84 ÷ 21 =
13	572 × 46 =	28	85 ÷ 17 =
14	583 × 27 =	29	84 ÷ 28 =
15	467 × 15 =	30	92 ÷ 23 =

⭐ 암산으로 해 보세요.

1	525 ÷ 7 =	6	294 ÷ 6 =
2	272 ÷ 8 =	7	472 ÷ 8 =
3	174 ÷ 2 =	8	240 ÷ 5 =
4	168 ÷ 7 =	9	444 ÷ 6 =
5	252 ÷ 4 =	10	306 ÷ 6 =

⭐ 주판으로 해 보세요.

1	2	3	4	5
417	736	308	546	535
-121	924	507	309	280
369	608	-245	849	314
-308	318	-357	348	748
542	305	836	481	642
847	624	326	549	263
736	548	847	236	154

6	857 - 642 + 243 + 776 - 442 + 159 + 407 =
7	285 + 842 + 764 + 874 + 757 + 437 + 543 =
8	428 + 537 - 694 + 964 - 236 + 284 + 942 =
9	736 + 252 + 654 + 432 + 856 + 158 + 328 =
10	287 + 152 + 694 + 346 + 481 + 437 + 429 =

⭐ 암산으로 해 보세요.

1	2	3	4	5	6	7	8	9	10
92	83	54	36	42	37	85	75	85	92
-57	64	-27	69	53	76	-53	42	73	-27
26	29	36	27	-29	64	42	38	27	53
-43	37	-54	47	68	92	-73	24	64	-36
52	63	29	83	-72	27	21	32	74	42
47	59	63	82	94	76	87	43	54	27

암산으로 해 보세요.

1	27 × 58 =
2	49 × 76 =
3	32 × 42 =
4	58 × 93 =
5	78 × 42 =
6	26 × 74 =
7	55 × 46 =
8	39 × 48 =
9	36 × 62 =
10	25 × 79 =
11	64 × 39 =
12	42 × 96 =
13	97 × 54 =
14	57 × 68 =
15	68 × 42 =

16	37 × 48 =
17	29 × 52 =
18	63 × 49 =
19	73 × 84 =
20	27 × 56 =
21	53 × 42 =
22	26 × 43 =
23	54 × 83 =
24	47 × 68 =
25	42 × 79 =
26	73 × 47 =
27	29 × 84 =
28	57 × 46 =
29	89 × 23 =
30	76 × 42 =

31	32	33	34	35
847	649	786	936	847
254	458	542	732	259

올셈 7단계

연산학습

Q 1 계산을 하시오.

①
$$\begin{array}{r} 2\,6 \\ \times\,7\,3 \\ \hline \end{array}$$

②
$$\begin{array}{r} 9\,3 \\ \times\,4\,6 \\ \hline \end{array}$$

③
$$\begin{array}{r} 4\,7 \\ \times\,6\,9 \\ \hline \end{array}$$

④
$$\begin{array}{r} 8\,1 \\ \times\,3\,9 \\ \hline \end{array}$$

Q 2 계산을 하시오.(몫 두자리)…나머지

①
$$7\,)\overline{91}$$

②
$$4\,)\overline{64}$$

③
$$7\,)\overline{80} \cdots \square$$

④
$$6\,)\overline{85} \cdots \square$$

Q 3 빈칸에 알맞은 수를 써넣으시오. (몫 두자리)…나머지

① $87 \div 3 = \square \cdots \square$

검산 $\square \times \square + \square = \square$

② $55 \div 2 = \square \cdots \square$

검산 $\square \times \square + \square = \square$

③ $67 \div 4 = \square \cdots \square$

검산 $\square \times \square + \square = \square$

④ $80 \div 6 = \square \cdots \square$

검산 $\square \times \square + \square = \square$

세 자리÷두 자리(몫:한 자리)(1)

 주판으로 해 보세요.

1	344 ÷ 43 =
2	132 ÷ 22 =
3	819 ÷ 91 =
4	432 ÷ 54 =
5	152 ÷ 76 =
6	246 ÷ 82 =
7	352 ÷ 88 =
8	485 ÷ 97 =
9	648 ÷ 81 =
10	195 ÷ 65 =
11	518 ÷ 74 =
12	405 ÷ 45 =
13	235 ÷ 47 =
14	324 ÷ 36 =
15	147 ÷ 49 =

16 27)243   17 96)384   18 57)342

19 54)378   20 58)348   21 34)272

22 89)534   23 32)192   24 69)276

25 79)711   26 93)558   27 82)328

⭐ 암산으로 해 보세요.

1	2	3	4	5
789 247	653 147	942 158	258 464	824 153

 주판으로 해 보세요.

1	2	3	4	5
453	649	784	376	547
567	-252	372	638	867
424	819	657	-764	257
809	-664	436	542	642
946	432	658	876	756
752	585	412	-549	843
684	789	918	748	791

6	873 - 274 + 774 - 166 + 543 + 268 - 143 =
7	529 + 291 - 348 + 754 - 143 + 647 + 157 =
8	389 + 587 + 349 - 140 - 262 + 470 + 426 =
9	548 + 276 + 237 - 154 - 127 + 648 + 542 =
10	437 + 256 + 529 + 689 + 777 + 236 + 158 =

⭐ 암산으로 해 보세요.

1	2	3	4	5
837	653	388	942	857
242	429	604	746	642

⭐ 주판으로 해 보세요.

1	324 × 45 =	16	243 ÷ 27 =
2	519 × 27 =	17	351 ÷ 39 =
3	962 × 43 =	18	296 ÷ 37 =
4	237 × 72 =	19	441 ÷ 49 =
5	826 × 43 =	20	702 ÷ 78 =
6	729 × 39 =	21	232 ÷ 29 =
7	187 × 54 =	22	801 ÷ 89 =
8	361 × 18 =	23	603 ÷ 67 =
9	814 × 96 =	24	354 ÷ 59 =
10	549 × 21 =	25	504 ÷ 56 =
11	484 × 62 =	26	612 ÷ 68 =
12	547 × 83 =	27	315 ÷ 35 =
13	327 × 26 =	28	423 ÷ 47 =
14	429 × 77 =	29	333 ÷ 37 =
15	438 × 76 =	30	531 ÷ 59 =

⭐ 암산으로 해 보세요.(몫:두자리…나머지)

1	264 ÷ 7 =	6	254 ÷ 5 =
2	349 ÷ 4 =	7	382 ÷ 4 =
3	286 ÷ 3 =	8	654 ÷ 7 =
4	266 ÷ 6 =	9	245 ÷ 3 =
5	688 ÷ 7 =	10	427 ÷ 6 =

⭐ 주판으로 해 보세요.

	1	2	3	4	5
	647	544	937	876	648
	758	-367	853	249	-437
	429	738	-642	547	598
	587	-492	-547	638	746
	647	587	647	147	493
	658	-142	746	937	758
	426	647	-542	529	476

6	681 + 935 − 313 − 419 + 547 − 127 + 948 =
7	736 + 154 + 638 + 237 + 642 + 549 + 306 =
8	743 + 827 + 391 − 435 + 876 − 159 − 642 =
9	597 − 138 + 657 + 436 + 454 − 127 + 582 =
10	803 + 914 + 158 + 657 + 136 + 157 + 289 =

⭐ 암산으로 해 보세요.

1	2	3	4	5
639	972	766	549	879
758	147	247	843	254

⭐ 암산으로 해 보세요.

1	43 × 46 =	16	84 × 76 =
2	54 × 89 =	17	24 × 32 =
3	76 × 83 =	18	39 × 58 =
4	54 × 79 =	19	67 × 25 =
5	76 × 24 =	20	27 × 46 =
6	87 × 58 =	21	53 × 14 =
7	64 × 79 =	22	26 × 89 =
8	76 × 48 =	23	47 × 58 =
9	52 × 49 =	24	30 × 47 =
10	93 × 76 =	25	61 × 29 =
11	27 × 53 =	26	58 × 42 =
12	36 × 69 =	27	87 × 56 =
13	48 × 91 =	28	92 × 48 =
14	76 × 28 =	29	76 × 54 =
15	59 × 42 =	30	68 × 76 =

31	32	33	34	35
745 −437 952	837 −646 749	654 238 437	249 978 −528	363 549 746

연산학습

Q 1 계산을 하시오.

① $49 \times 53 =$ ② $32 \times 78 =$ ③ $68 \times 49 =$

④ $76 \times 87 =$ ⑤ $24 \times 63 =$ ⑥ $72 \times 94 =$

Q 2 계산을 하시오.(몫 두자리)···나머지

① $3 \overline{)74}$ ···☐ ② $6 \overline{)97}$ ···☐ ③ $2 \overline{)55}$ ···☐ ④ $5 \overline{)94}$ ···☐

Q 3 빈칸에 알맞은 수를 써넣으시오. (몫 두자리)···나머지

① $93 \div 7 =$ ☐ ··· ☐
검산 ☐ × ☐ + ☐ = ☐

② $95 \div 5 =$ ☐ ··· ☐
검산 ☐ × ☐ + ☐ = ☐

③ $89 \div 4 =$ ☐ ··· ☐
검산 ☐ × ☐ + ☐ = ☐

④ $94 \div 6 =$ ☐ ··· ☐
검산 ☐ × ☐ + ☐ = ☐

세 자리÷두 자리(몫:한 자리)(2)

 주판으로 해 보세요.

1	483 ÷ 69 =
2	273 ÷ 39 =
3	238 ÷ 34 =
4	175 ÷ 25 =
5	133 ÷ 19 =
6	336 ÷ 42 =
7	184 ÷ 23 =
8	114 ÷ 19 =
9	203 ÷ 29 =
10	119 ÷ 17 =
11	108 ÷ 18 =
12	312 ÷ 39 =
13	210 ÷ 35 =
14	238 ÷ 34 =
15	376 ÷ 47 =

⑯ 24)192   ⑰ 36)288   ⑱ 25)200

⑲ 38)304   ⑳ 28)224   ㉑ 29)116

㉒ 15)105   ㉓ 28)196   ㉔ 14)112

㉕ 25)125   ㉖ 36)252   ㉗ 15)120

⭐ 암산으로 해 보세요.

1	408 ÷ 6 =	6	783 ÷ 9 =
2	158 ÷ 2 =	7	602 ÷ 7 =
3	432 ÷ 8 =	8	592 ÷ 8 =
4	483 ÷ 7 =	9	390 ÷ 6 =
5	684 ÷ 9 =	10	252 ÷ 6 =

 주판으로 해 보세요.

1	2	3	4	5
527	876	427	297	963
649	654	154	658	472
-746	429	837	746	-876
847	987	-424	152	724
-654	643	652	948	-853
687	257	-274	246	946
849	648	847	588	247

6	775 + 649 + 158 + 957 + 649 + 548 + 158 =
7	936 + 154 + 632 + 746 + 847 + 197 + 154 =
8	638 + 746 - 259 + 847 - 645 + 932 + 724 =
9	876 - 587 + 237 + 981 - 159 - 165 + 154 =
10	148 + 246 + 158 + 569 + 747 + 687 + 542 =

 암산으로 해 보세요.

1	2	3	4	5
847	549	648	746	259
-459	276	792	-158	897
326	427	154	148	231

★ 주판으로 해 보세요.

1	254 × 58 =
2	647 × 49 =
3	436 × 87 =
4	159 × 52 =
5	457 × 37 =
6	242 × 36 =
7	426 × 59 =
8	936 × 27 =
9	732 × 54 =
10	836 × 28 =
11	954 × 27 =
12	846 × 37 =
13	937 × 25 =
14	843 × 46 =
15	979 × 26 =

16	552 ÷ 69 =
17	322 ÷ 46 =
18	414 ÷ 69 =
19	376 ÷ 47 =
20	266 ÷ 38 =
21	324 ÷ 36 =
22	552 ÷ 69 =
23	296 ÷ 37 =
24	174 ÷ 29 =
25	182 ÷ 26 =
26	354 ÷ 59 =
27	544 ÷ 68 =
28	138 ÷ 46 =
29	536 ÷ 67 =
30	203 ÷ 29 =

★ 암산으로 해 보세요.

1	2	3	4	5
843	627	547	427	876
259	845	246	954	429
436	−568	479	−872	437

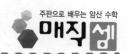

⭐ 주판으로 해 보세요.

1	2	3	4	5
847	732	642	951	635
746	658	819	469	532
−659	429	−432	874	−237
948	158	−175	276	629
766	423	228	763	−763
−847	629	582	635	847
529	158	794	147	479

6	847 + 547 − 158 + 642 + 746 − 954 − 237 =
7	936 + 879 + 547 + 247 + 658 + 194 + 254 =
8	737 − 654 + 198 + 747 − 732 + 298 + 547 =
9	479 + 682 + 648 + 158 + 248 + 882 + 476 =
10	856 + 563 + 273 + 738 + 942 + 496 + 457 =

⭐ 암산으로 해 보세요.

1	2	3	4	5
766	369	247	872	958
−152	458	658	−146	−143
243	427	658	448	327

⭐ 암산으로 해 보세요.

1	74 × 58 =	16	67 × 52 =
2	47 × 29 =	17	27 × 36 =
3	76 × 58 =	18	58 × 29 =
4	46 × 47 =	19	47 × 58 =
5	76 × 24 =	20	76 × 44 =
6	68 × 59 =	21	93 × 27 =
7	22 × 85 =	22	42 × 58 =
8	39 × 25 =	23	63 × 79 =
9	44 × 81 =	24	47 × 58 =
10	27 × 47 =	25	64 × 57 =
11	74 × 56 =	26	39 × 72 =
12	82 × 47 =	27	97 × 58 =
13	68 × 79 =	28	64 × 26 =
14	58 × 24 =	29	74 × 44 =
15	43 × 76 =	30	23 × 97 =

31	32	33	34	35
876 974 −648	654 767 −592	237 787 357	946 642 549	748 682 756

연산학습

올셈 7단계

Q 1 ☐안에 알맞은 수를 써넣으시오.

① 7 4
  × 6 9
  ─────

② 8 3
  × 4 9
  ─────

③ 5 7
  × 9 3
  ─────

④ 4 5
  × 6 4
  ─────

Q 2 계산을 하고 ☐안에 나머지를 써넣으시오.(몫 두자리)

① 6) 7 4 ··· ☐

② 8) 9 3 ··· ☐

③ 3) 5 2 ··· ☐

④ 4) 9 7 ··· ☐

⑤ 7) 9 7 ··· ☐

⑥ 2) 6 5 ··· ☐

⑦ 5) 9 9 ··· ☐

⑧ 6) 7 3 ··· ☐

Q 3 계산을 하시오.(몫 한자리)

① 17) 8 5

② 36) 7 2

③ 12) 9 6

④ 28) 5 6

주판으로 해 보세요.

1	612 ÷ 68 =
2	760 ÷ 95 =
3	291 ÷ 97 =
4	637 ÷ 91 =
5	513 ÷ 57 =
6	207 ÷ 23 =
7	402 ÷ 67 =
8	472 ÷ 59 =
9	496 ÷ 62 =
10	245 ÷ 49 =
11	582 ÷ 97 =
12	351 ÷ 39 =
13	512 ÷ 64 =
14	375 ÷ 75 =
15	232 ÷ 58 =

16 $53\overline{)212}$ 17 $69\overline{)276}$ 18 $79\overline{)237}$

19 $33\overline{)231}$ 20 $92\overline{)736}$ 21 $47\overline{)235}$

22 $29\overline{)261}$ 23 $52\overline{)156}$ 24 $25\overline{)125}$

25 $66\overline{)528}$ 26 $83\overline{)415}$ 27 $75\overline{)450}$

⭐ 암산으로 해 보세요.

1	370 ÷ 5 =		6	128 ÷ 2 =
2	166 ÷ 2 =		7	288 ÷ 8 =
3	279 ÷ 3 =		8	410 ÷ 5 =
4	174 ÷ 3 =		9	296 ÷ 4 =
5	256 ÷ 4 =		10	287 ÷ 7 =

 주판으로 해 보세요.

1	2	3	4	5
7458	8659	4258	7248	4754
637	274	289	364	492
9457	6842	8742	5436	8968
629	947	647	942	819

6	2852 + 981 + 9025 + 647 =
7	5691 + 274 + 3879 + 426 =
8	7322 − 638 + 1547 − 946 =
9	8429 − 537 + 4296 − 827 =
10	6437 + 947 + 1548 − 957 =

암산으로 해 보세요.

1	2	3	4	5
168	948	847	932	736
254	−237	−254	746	547
376	658	427	148	249

⭐ 주판으로 해 보세요.

1	373 × 54 =	16	439 ÷ 73 =
2	969 × 87 =	17	281 ÷ 31 =
3	858 × 42 =	18	479 ÷ 95 =
4	844 × 76 =	19	461 ÷ 65 =
5	787 × 56 =	20	188 ÷ 31 =
6	584 × 29 =	21	755 ÷ 94 =
7	942 × 42 =	22	178 ÷ 19 =
8	267 × 58 =	23	169 ÷ 84 =
9	368 × 94 =	24	275 ÷ 45 =
10	783 × 27 =	25	750 ÷ 83 =
11	454 × 27 =	26	214 ÷ 53 =
12	923 × 42 =	27	389 ÷ 97 =
13	514 × 56 =	28	592 ÷ 84 =
14	427 × 87 =	29	620 ÷ 68 =
15	438 × 68 =	30	175 ÷ 58 =

⭐ 암산으로 해 보세요.

1	2	3	4	5
670	376	874	737	632
158	−147	124	269	741
429	957	−547	458	589

올셈 7단계

⭐ 주판으로 해 보세요.

1	2	3	4	5
7457	6459	2285	8476	9458
460	− 252	804	− 948	− 467
3824	− 3256	1548	4576	3259
927	159	947	842	858

6	7426 − 578 + 7698 − 849 =
7	4258 − 674 + 1258 − 749 =
8	6454 + 768 + 1778 − 999 =
9	4256 − 974 + 7458 − 436 =
10	8452 − 549 + 7256 − 478 =

⭐ 암산으로 해 보세요.

1	2	3	4	5
672	768	547	946	876
158	473	437	742	− 154
429	629	254	643	667

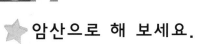

★ 암산으로 해 보세요.

1	73 × 47 =
2	64 × 58 =
3	42 × 72 =
4	67 × 29 =
5	57 × 49 =
6	93 × 47 =
7	27 × 54 =
8	67 × 76 =
9	58 × 42 =
10	76 × 83 =
11	27 × 98 =
12	76 × 26 =
13	52 × 47 =
14	63 × 72 =
15	84 × 36 =

16	522 ÷ 9 =
17	470 ÷ 5 =
18	441 ÷ 7 =
19	252 ÷ 3 =
20	348 ÷ 6 =
21	576 ÷ 8 =
22	348 ÷ 4 =
23	192 ÷ 2 =
24	294 ÷ 7 =
25	375 ÷ 5 =
26	354 ÷ 6 =
27	336 ÷ 8 =
28	264 ÷ 4 =
29	188 ÷ 2 =
30	261 ÷ 3 =

31	32	33	34	35
627	742	642	834	945
374	538	546	−205	182
746	−143	158	549	405

연산학습

Q 1 계산을 하시오.

① $63 \times 27 =$

② $57 \times 93 =$

③ $28 \times 98 =$

④ $52 \times 16 =$

⑤ $74 \times 39 =$

⑥ $40 \times 92 =$

Q 2 계산을 하고 ☐ 안에 나머지를 써넣으시오.(몫 두자리)

① $5 \overline{)93} \cdots \square$

② $7 \overline{)90} \cdots \square$

③ $3 \overline{)55} \cdots \square$

④ $6 \overline{)74} \cdots \square$

Q 3 빈칸에 알맞은 수를 써넣으시오.

① | 96 | ÷2 | | ×35 | |

② | 99 | ÷3 | | ×79 | |

Q 4 계산을 하시오.(몫 한자리)

① $24 \overline{)72}$

② $47 \overline{)94}$

③ $21 \overline{)84}$

④ $34 \overline{)68}$

종합 연습 문제

 주판으로 해 보세요.

1	300 ÷ 75 =	21	186 × 57 =
2	408 ÷ 51 =	22	649 × 24 =
3	752 ÷ 94 =	23	587 × 72 =
4	234 ÷ 26 =	24	784 × 43 =
5	270 ÷ 45 =	25	903 × 42 =
6	552 ÷ 69 =	26	732 × 58 =
7	224 ÷ 32 =	27	469 × 27 =
8	360 ÷ 72 =	28	841 × 27 =
9	291 ÷ 97 =	29	493 × 53 =
10	351 ÷ 39 =	30	395 × 29 =
11	335 ÷ 67 =	31	43 × 327 =
12	192 ÷ 24 =	32	27 × 543 =
13	324 ÷ 54 =	33	15 × 243 =
14	216 ÷ 24 =	34	85 × 104 =
15	476 ÷ 68 =	35	27 × 904 =
16	375 ÷ 75 =	36	47 × 542 =
17	512 ÷ 64 =	37	43 × 905 =
18	294 ÷ 42 =	38	62 × 437 =
19	288 ÷ 72 =	39	54 × 293 =
20	465 ÷ 93 =	40	38 × 624 =

평가

확인

공부한 날

월

일

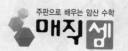

⭐ 주판으로 해 보세요.

1	2	3	4	5
9623	8423	4165	8796	7364
547	−517	208	537	437
6436	−3294	4654	−4758	2748
429	758	937	−942	542

6	3597 + 792 + 4754 + 398 =
7	5186 − 493 + 8426 − 458 =
8	8436 + 564 + 7258 + 427 =
9	3945 + 786 − 2477 + 937 =
10	7246 + 944 + 7458 + 643 =

⭐ 암산으로 해 보세요.

1	2	3	4	5
657	427	652	762	981
835	−394	294	−429	764
246	872	747	868	452

 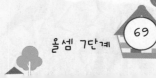

1	243 × 48 =
2	784 × 39 =
3	573 × 42 =
4	624 × 73 =
5	827 × 76 =
6	924 × 32 =
7	748 × 27 =
8	457 × 36 =
9	943 × 74 =
10	230 × 48 =
11	27 × 847 =
12	36 × 506 =
13	94 × 245 =
14	62 × 873 =
15	76 × 247 =
16	27 × 595 =
17	63 × 437 =
18	58 × 914 =
19	42 × 857 =
20	93 × 648 =

21	317 ÷ 35 =
22	219 ÷ 27 =
23	331 ÷ 47 =
24	225 ÷ 56 =
25	227 ÷ 75 =
26	329 ÷ 82 =
27	341 ÷ 48 =
28	338 ÷ 67 =
29	365 ÷ 91 =
30	559 ÷ 79 =
31	260 ÷ 86 =
32	340 ÷ 42 =
33	119 ÷ 59 =
34	231 ÷ 57 =
35	251 ÷ 83 =
36	374 ÷ 74 =
37	421 ÷ 46 =
38	221 ÷ 55 =
39	475 ÷ 67 =
40	359 ÷ 89 =

평가

확인

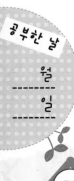

공부한 날

월

일

⭐ 암산으로 해 보세요.

1	97 × 27 =		21	318 ÷ 6 =
2	84 × 43 =		22	273 ÷ 7 =
3	76 × 27 =		23	345 ÷ 5 =
4	43 × 64 =		24	332 ÷ 4 =
5	87 × 58 =		25	405 ÷ 9 =
6	76 × 42 =		26	608 ÷ 8 =
7	19 × 54 =		27	294 ÷ 3 =
8	74 × 74 =		28	329 ÷ 7 =
9	68 × 42 =		29	168 ÷ 2 =
10	59 × 86 =		30	456 ÷ 6 =
11	57 × 64 =		31	328 ÷ 4 =
12	48 × 76 =		32	371 ÷ 7 =
13	78 × 42 =		33	192 ÷ 2 =
14	94 × 37 =		34	260 ÷ 5 =
15	63 × 73 =		35	304 ÷ 4 =
16	20 × 48 =		36	222 ÷ 3 =
17	74 × 93 =		37	621 ÷ 9 =
18	39 × 43 =		38	664 ÷ 8 =
19	27 × 14 =		39	291 ÷ 3 =
20	98 × 25 =		40	399 ÷ 7 =

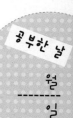

TEST

주판으로 해 보세요.

1	2	3	4	5
4327	7484	7207	8457	8758
654	−527	504	542	404
7436	3749	6436	−6782	2768
829	527	924	−547	589
6748	−4763	7287	6276	6427

6	7	8	9	10
6954	7742	1869	4322	7263
627	−538	642	834	945
2374	6247	3546	−1205	3182
746	−143	158	256	405
3526	1525	2764	3549	3687

11	3748 + 527 + 6279 + 843 + 5436 =
12	7268 − 936 − 3464 + 547 + 7239 =
13	1373 + 437 + 7263 + 824 + 3267 =
14	8248 + 847 − 3765 + 604 − 2747 =
15	3269 + 369 + 543 + 2747 + 4364 =

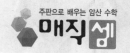

⭐ 암산으로 해 보세요.　　　　　　　　　　　　걸린시간 (　　　분　　　초)

1	2	3	4	5
673 542 473	897 −648 948	763 548 729	476 −347 758	676 549 743

6	7	8	9	10
842 759 239	754 −434 887	654 848 274	632 −487 854	852 648 357

11	12	13	14	15
763 747 348	529 −476 386	473 774 647	807 −684 859	647 548 473

16	17	18	19	20
327 487 648	632 −549 767	479 547 −764	523 984 672	824 −548 965

공부한 날
월
일

1	451 ÷ 64 =		21	958 × 36 =
2	439 ÷ 73 =		22	427 × 43 =
3	326 ÷ 46 =		23	437 × 57 =
4	289 ÷ 36 =		24	236 × 42 =
5	383 ÷ 76 =		25	904 × 65 =
6	254 ÷ 42 =		26	546 × 92 =
7	650 ÷ 92 =		27	648 × 43 =
8	281 ÷ 93 =		28	284 × 39 =
9	619 ÷ 68 =		29	703 × 58 =
10	477 ÷ 95 =		30	642 × 43 =
11	482 ÷ 53 =		31	42 × 948 =
12	132 ÷ 18 =		32	27 × 648 =
13	389 ÷ 97 =		33	27 × 843 =
14	460 ÷ 57 =		34	62 × 589 =
15	518 ÷ 86 =		35	42 × 437 =
16	213 ÷ 53 =		36	52 × 727 =
17	228 ÷ 25 =		37	84 × 147 =
18	189 ÷ 94 =		38	53 × 943 =
19	343 ÷ 85 =		39	39 × 273 =
20	582 ÷ 83 =		40	54 × 404 =

평가

확인

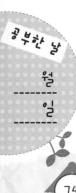
공부한 날
월
일

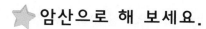

⭐ 암산으로 해 보세요.

걸린시간 (분   초)

1	57 × 64 =
2	29 × 37 =
3	63 × 49 =
4	73 × 15 =
5	14 × 93 =
6	27 × 54 =
7	32 × 15 =
8	13 × 58 =
9	42 × 69 =
10	28 × 28 =
11	64 × 32 =
12	76 × 58 =
13	14 × 29 =
14	15 × 83 =
15	76 × 27 =
16	27 × 54 =
17	49 × 38 =
18	76 × 29 =
19	72 × 49 =
20	82 × 77 =

21	268 ÷ 4 =
22	343 ÷ 7 =
23	324 ÷ 9 =
24	288 ÷ 3 =
25	390 ÷ 5 =
26	504 ÷ 6 =
27	416 ÷ 8 =
28	294 ÷ 3 =
29	188 ÷ 4 =
30	261 ÷ 3 =
31	364 ÷ 7 =
32	198 ÷ 2 =
33	304 ÷ 4 =
34	498 ÷ 6 =
35	325 ÷ 5 =
36	423 ÷ 9 =
37	279 ÷ 3 =
38	456 ÷ 6 =
39	696 ÷ 8 =
40	378 ÷ 7 =

평가

확인

공부한 날
월
일

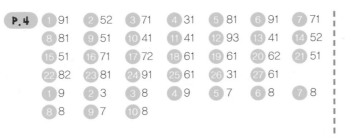

EQ 올셈 7단계 정 답

P.4 ① 91 ② 52 ③ 71 ④ 31 ⑤ 81 ⑥ 91 ⑦ 71
⑧ 81 ⑨ 51 ⑩ 41 ⑪ 41 ⑫ 93 ⑬ 41 ⑭ 52
⑮ 51 ⑯ 71 ⑰ 72 ⑱ 61 ⑲ 61 ⑳ 62 ㉑ 51
㉒ 82 ㉓ 81 ㉔ 91 ㉕ 61 ㉖ 31 ㉗ 61
① 9 ② 3 ③ 8 ④ 9 ⑤ 7 ⑥ 8 ⑦ 8
⑧ 8 ⑨ 7 ⑩ 8

P.5 ① 2798 ② 1413 ③ 2436 ④ 2794 ⑤ 2811
⑥ 1797 ⑦ 994 ⑧ 2091 ⑨ 438 ⑩ 1738
① 29 ② 252 ③ 261 ④ 156 ⑤ 161
⑥ 223 ⑦ 267 ⑧ 145 ⑨ 279 ⑩ 113

P.6 ① 3312 ② 2268 ③ 2773 ④ 3276 ⑤ 3528
⑥ 3108 ⑦ 1215 ⑧ 1943 ⑨ 1392 ⑩ 555
⑪ 2158 ⑫ 2880 ⑬ 4218 ⑭ 637 ⑮ 2146
⑯ 41 ⑰ 41 ⑱ 91 ⑲ 51 ⑳ 72
㉑ 41 ㉒ 91 ㉓ 72 ㉔ 41 ㉕ 71
㉖ 81 ㉗ 71 ㉘ 71 ㉙ 51 ㉚ 81
① 29832 ② 17096 ③ 26894 ④ 44124 ⑤ 12891
⑥ 37265 ⑦ 21933 ⑧ 26196 ⑨ 9906 ⑩ 21976

P.7 ① 3256 ② 1502 ③ 3010 ④ 2615 ⑤ 1282
⑥ 2638 ⑦ 1184 ⑧ 2326 ⑨ 864 ⑩ 1819
① 115 ② 282 ③ 168 ④ 109 ⑤ 173
⑥ 210 ⑦ 131 ⑧ 76 ⑨ 105 ⑩ 218

P.8 ① 66794 ② 11870 ③ 31645 ④ 11774 ⑤ 27216
⑥ 11478 ⑦ 26222 ⑧ 18992 ⑨ 18054 ⑩ 16080
⑪ 15056 ⑫ 47496 ⑬ 9036 ⑭ 26124 ⑮ 12544
⑯ 9 ⑰ 8 ⑱ 9 ⑲ 5 ⑳ 7
㉑ 2 ㉒ 8 ㉓ 4 ㉔ 8 ㉕ 9
㉖ 8 ㉗ 8 ㉘ 9 ㉙ 9 ㉚ 7
① 278 ② 112 ③ 123 ④ 277 ⑤ 133
⑥ 219 ⑦ 259 ⑧ 137 ⑨ 214 ⑩ 66

P.9 ① ①736 ②648 ③975 ④912
② ①775 ②579 ③276 ④185
③ ①8,4,8,32 ②7,7,7,49 ③3,5,3,15 ④4,6,4,24
⑤7,8,7,56

P.10 ① 15 ② 35 ③ 78 ④ 84 ⑤ 57 ⑥ 54
⑦ 77 ⑧ 54 ⑨ 43 ⑩ 99 ⑪ 34 ⑫ 47
⑬ 55 ⑭ 88 ⑮ 42 ⑯ 62 ⑰ 75 ⑱ 95
⑲ 88 ⑳ 65 ㉑ 97 ㉒ 88 ㉓ 84 ㉔ 98
㉕ 99 ㉖ 84 ㉗ 35
① 9…3 ② 5…2 ③ 9…2 ④ 9…1 ⑤ 7…1 ⑥ 8…1
⑦ 7…5 ⑧ 3…1 ⑨ 8…1 ⑩ 6…1

P.11 ① 2428 ② 980 ③ 2821 ④ 76 ⑤ 1309
⑥ 2907 ⑦ 1258 ⑧ 1524 ⑨ 988 ⑩ 1291
① 59 ② 282 ③ 90 ④ 125 ⑤ 248
⑥ 189 ⑦ 27 ⑧ 260 ⑨ 286 ⑩ 97

P.12 ① 23680 ② 50320 ③ 12960 ④ 36400 ⑤ 34650
⑥ 24030 ⑦ 48960 ⑧ 16740 ⑨ 17000 ⑩ 16530
⑪ 26320 ⑫ 28860 ⑬ 22800 ⑭ 11560 ⑮ 7980
⑯ 56 ⑰ 56 ⑱ 47 ⑲ 75 ⑳ 94
㉑ 79 ㉒ 94 ㉓ 75 ㉔ 63 ㉕ 35
㉖ 76 ㉗ 47 ㉘ 96 ㉙ 73 ㉚ 78
① 33876 ② 28956 ③ 47792 ④ 14892 ⑤ 19929
⑥ 21308 ⑦ 62848 ⑧ 16308 ⑨ 16443 ⑩ 19698

P.13 ① 2910 ② 3056 ③ 1342 ④ 1261 ⑤ 332
⑥ 1048 ⑦ 2037 ⑧ 1928 ⑨ 877 ⑩ 2446
① 193 ② 130 ③ 79 ④ 189 ⑤ 29
⑥ 283 ⑦ 267 ⑧ 90 ⑨ 113 ⑩ 259

P.14 ① 29750 ② 21316 ③ 23680 ④ 22050 ⑤ 6324
⑥ 17444 ⑦ 6348 ⑧ 30258 ⑨ 8460 ⑩ 21963
⑪ 5849 ⑫ 21635 ⑬ 6015 ⑭ 14070 ⑮ 29800
⑯ 35 ⑰ 23 ⑱ 21 ⑲ 17 ⑳ 14
㉑ 11 ㉒ 19 ㉓ 24 ㉔ 12 ㉕ 21
㉖ 41 ㉗ 11 ㉘ 34 ㉙ 18 ㉚ 10
㉛ 228 ㉜ 90 ㉝ 265 ㉞ 122 ㉟ 131
㊱ 100 ㊲ 31 ㊳ 65 ㊴ 236 ㊵ 276

P.15 ① ①1338 ②2888 ③2478 ④6111
② ①380 ②659 ③876 ④578
③ ①6,42,3,7,6,3,45 ②7,21,0,3,7,0,2 ③8,16,1,2,8,1,17
④8,64,4,8,8,4,68 ⑤6,24,2,4,6,2,26

P.16 ① 95 ② 61 ③ 32 ④ 73 ⑤ 56 ⑥ 65 ⑦ 88
⑧ 54 ⑨ 97 ⑩ 55 ⑪ 63 ⑫ 42 ⑬ 29 ⑭ 54
⑮ 83 ⑯ 33 ⑰ 33 ⑱ 64 ⑲ 45 ⑳ 65 ㉑ 43
㉒ 95 ㉓ 37 ㉔ 47 ㉕ 74 ㉖ 67 ㉗ 89
① 14 ② 21 ③ 14 ④ 24 ⑤ 14 ⑥ 23 ⑦ 18
⑧ 18 ⑨ 12 ⑩ 37

P.17 ① 2455 ② 534 ③ 3099 ④ 1240 ⑤ 1763
⑥ 971 ⑦ 2184 ⑧ 2280 ⑨ 1260 ⑩ 1788
① 196 ② 184 ③ 270 ④ 83 ⑤ 207
⑥ 90 ⑦ 128 ⑧ 78 ⑨ 302 ⑩ 157

주판으로 배우는 암산 수학
매직셈

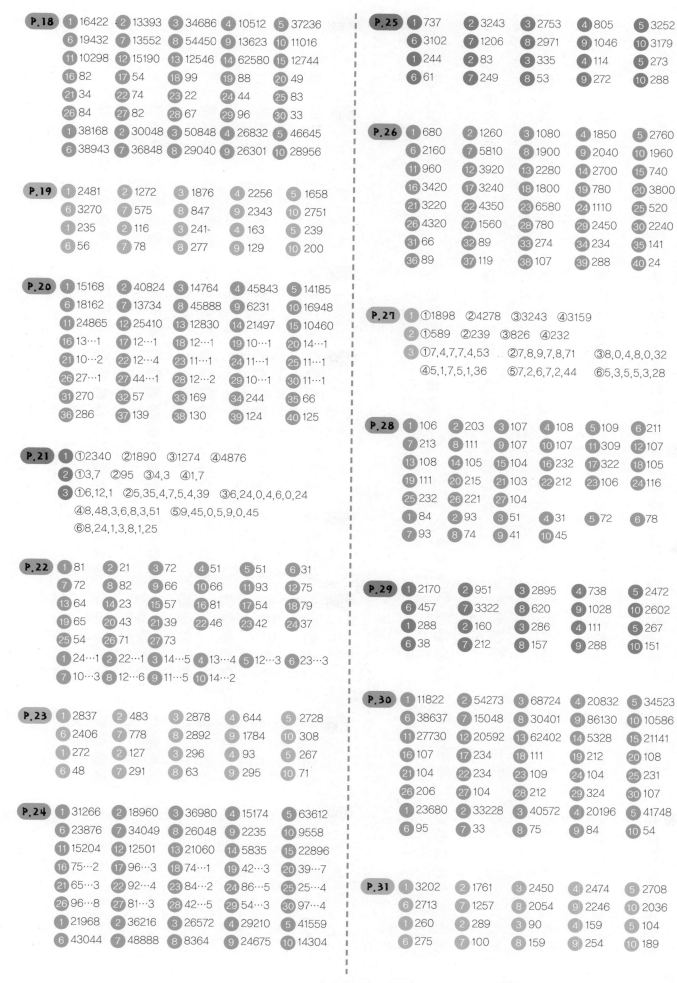

P.18
1 16422　2 13393　3 34686　4 10512　5 37236
6 19432　7 13552　8 54450　9 13623　10 11016
11 10298　12 15190　13 12546　14 62580　15 12744
16 82　17 54　18 99　19 88　20 49
21 34　22 74　23 22　24 44　25 83
26 84　27 82　28 67　29 96　30 33
1 38168　2 30048　3 50848　4 26832　5 46645
6 38943　7 36848　8 29040　9 26301　10 28956

P.19
1 2481　2 1272　3 1876　4 2256　5 1658
6 3270　7 575　8 847　9 2343　10 2751
1 235　2 116　3 241　4 163　5 239
6 56　7 78　8 277　9 129　10 200

P.20
1 15168　2 40824　3 14764　4 45843　5 14185
6 18162　7 13734　8 45888　9 6231　10 16948
11 24865　12 25410　13 12830　14 21497　15 10460
16 13…1　17 12…1　18 12…1　19 10…1　20 14…1
21 10…2　22 12…4　23 11…1　24 11…1　25 11…1
26 27…1　27 44…1　28 12…2　29 10…1　30 11…1
31 270　32 57　33 169　34 244　35 66
36 286　37 139　38 130　39 124　40 125

P.21
1 ①2340 ②1890 ③1274 ④4876
2 ①3,7 ②95 ③4,3 ④1,7
3 ①6,12,1 ②5,35,4,7,5,4,39 ③6,24,0,4,6,0,24
　④8,48,3,6,8,3,51 ⑤9,45,0,5,9,0,45
　⑥8,24,1,3,8,1,25

P.22
1 81　2 21　3 72　4 51　5 51　6 31
7 72　8 82　9 66　10 66　11 93　12 75
13 64　14 23　15 57　16 81　17 54　18 79
19 65　20 43　21 39　22 46　23 42　24 37
25 54　26 71　27 73
1 24…1　2 22…1　3 14…5　4 13…4　5 12…3　6 23…3
7 10…3　8 12…6　9 11…5　10 14…2

P.23
1 2837　2 483　3 2878　4 644　5 2728
6 2406　7 778　8 2892　9 1784　10 308
1 272　2 127　3 296　4 93　5 267
6 48　7 291　8 63　9 295　10 71

P.24
1 31266　2 18960　3 36980　4 15174　5 63612
6 23876　7 34049　8 26048　9 2235　10 9558
11 15204　12 12501　13 21060　14 5835　15 22896
16 75…2　17 96…3　18 74…1　19 42…3　20 39…7
21 65…3　22 92…4　23 84…2　24 86…5　25 25…4
26 96…8　27 81…3　28 42…5　29 54…3　30 97…4
1 21968　2 36216　3 26572　4 29210　5 41559
6 43044　7 48888　8 8364　9 24675　10 14304

P.25
1 737　2 3243　3 2753　4 805　5 3252
6 3102　7 1206　8 2971　9 1046　10 3179
1 244　2 83　3 335　4 114　5 273
6 61　7 249　8 53　9 272　10 288

P.26
1 680　2 1260　3 1080　4 1850　5 2760
6 2160　7 5810　8 1900　9 2040　10 1960
11 960　12 3920　13 2280　14 2700　15 740
16 3420　17 3240　18 1800　19 780　20 3800
21 3220　22 4350　23 6580　24 1110　25 520
26 4320　27 1560　28 780　29 2450　30 2240
31 66　32 89　33 274　34 234　35 141
36 89　37 119　38 107　39 288　40 24

P.27
1 ①1898 ②4278 ③3243 ④3159
2 ①589 ②239 ③826 ④232
3 ①7,4,7,7,4,53 ②7,8,9,7,8,71 ③8,0,4,8,0,32
　④5,1,7,5,1,36 ⑤57,2,6,7,2,44 ⑥5,3,5,5,3,28

P.28
1 106　2 203　3 107　4 108　5 109　6 211
7 213　8 111　9 107　10 107　11 309　12 107
13 108　14 105　15 104　16 232　17 322　18 105
19 111　20 215　21 103　22 212　23 106　24 116
25 232　26 221　27 104
1 84　2 93　3 51　4 31　5 72　6 78
7 93　8 74　9 41　10 45

P.29
1 2170　2 951　3 2895　4 738　5 2472
6 457　7 3322　8 620　9 1028　10 2602
1 288　2 160　3 286　4 111　5 267
6 38　7 212　8 157　9 288　10 151

P.30
1 11822　2 54273　3 68724　4 20832　5 34523
6 38637　7 15048　8 30401　9 86130　10 10586
11 27730　12 20592　13 62402　14 5328　15 21141
16 107　17 234　18 111　19 212　20 108
21 104　22 234　23 109　24 104　25 231
26 206　27 104　28 212　29 324　30 107
1 23680　2 33228　3 40572　4 20196　5 41748
6 95　7 33　8 75　9 84　10 54

P.31
1 3202　2 1761　3 2450　4 2474　5 2708
6 2713　7 1257　8 2054　9 2246　10 2036
1 260　2 289　3 90　4 159　5 104
6 275　7 100　8 159　9 254　10 189

P.32
① 2560 ② 4480 ③ 2220 ④ 3360 ⑤ 1840
⑥ 4950 ⑦ 2280 ⑧ 2150 ⑨ 1960 ⑩ 4560
⑪ 2940 ⑫ 2320 ⑬ 5180 ⑭ 2960 ⑮ 3920
⑯ 2010 ⑰ 3180 ⑱ 2250 ⑲ 1940 ⑳ 6880
㉑ 1720 ㉒ 1770 ㉓ 4440 ㉔ 1840 ㉕ 3240
㉖ 2520 ㉗ 1180 ㉘ 3700 ㉙ 3320 ㉚ 2040
㉛ 233 ㉜ 209 ㉝ 257 ㉞ 86 ㉟ 228
㊱ 115 ㊲ 153 ㊳ 268 ㊴ 205 ㊵ 268

P.33
1 ①2550 ②5208 ③6885 ④2914
2 ①7…1,3…0,6…5 ②4…6,3…3,7…0 ③6…0,8…6,9…0
3 ①11,4 ②11,5 ③13,2 ④24,0

P.34
① 51…1 ② 95…1 ③ 79…1 ④ 80…2 ⑤ 74…3
⑥ 55…1 ⑦ 102…2 ⑧ 177…1 ⑨ 272…2 ⑩ 294…1
⑪ 124…7 ⑫ 338…1 ⑬ 204…1 ⑭ 101…5 ⑮ 180…4
⑯ 88…3 ⑰ 94…8 ⑱ 136…1 ⑲ 146…2 ⑳ 102…7
㉑ 161…2 ㉒ 139…2 ㉓ 105…3 ㉔ 121…1 ㉕ 87…4
㉖ 25…2 ㉗ 63…5
① 93 ② 96 ③ 92 ④ 75 ⑤ 87
⑥ 36 ⑦ 54 ⑧ 78 ⑨ 47 ⑩ 81

P.35
① 2484 ② 954 ③ 2623 ④ 211 ⑤ 2721
⑥ 1636 ⑦ 3163 ⑧ 2298 ⑨ 931 ⑩ 732
① 96 ② 249 ③ 110 ④ 271 ⑤ 290
⑥ 346 ⑦ 141 ⑧ 337 ⑨ 326 ⑩ 274

P.36
① 8760 ② 24843 ③ 25228 ④ 75164 ⑤ 8466
⑥ 53606 ⑦ 9390 ⑧ 36946 ⑨ 39184 ⑩ 36792
⑪ 8672 ⑫ 25758 ⑬ 13356 ⑭ 29892 ⑮ 45472
⑯ 107 ⑰ 169 ⑱ 146 ⑲ 408 ⑳ 107
㉑ 107 ㉒ 231 ㉓ 239 ㉔ 108 ㉕ 123
㉖ 132 ㉗ 234 ㉘ 113 ㉙ 157 ㉚ 144
① 13552 ② 16536 ③ 14628 ④ 18852 ⑤ 33710
⑥ 97 ⑦ 99 ⑧ 76 ⑨ 69 ⑩ 89

P.37
① 2789 ② 773 ③ 1057 ④ 2320 ⑤ 2373
⑥ 1263 ⑦ 2478 ⑧ 1444 ⑨ 2521 ⑩ 1000
① 332 ② 74 ③ 185 ④ 243 ⑤ 168
⑥ 314 ⑦ 165 ⑧ 129 ⑨ 114 ⑩ 278

P.38
① 1025 ② 6106 ③ 1344 ④ 2093 ⑤ 4539
⑥ 4941 ⑦ 4636 ⑧ 1428 ⑨ 4473 ⑩ 3649
⑪ 1491 ⑫ 1968 ⑬ 5856 ⑭ 2272 ⑮ 2624
⑯ 2379 ⑰ 7938 ⑱ 1674 ⑲ 1349 ⑳ 3185
㉑ 1224 ㉒ 7047 ㉓ 2074 ㉔ 1435 ㉕ 1224
㉖ 5002 ㉗ 6097 ㉘ 2378 ㉙ 4189 ㉚ 5346
㉛ 79 ㉜ 338 ㉝ 275 ㉞ 166 ㉟ 109
㊱ 296 ㊲ 308 ㊳ 156 ㊴ 253 ㊵ 63

P.39
1 ①3942,3045,2795 ②5628,4232,3600
③1656,1083,6111
2 ①7,30,37 ②2,10,12 ③6,10,16
3 ①19,0 ②12,5 ③15,0 ④11,3

P.40
① 104…3 ② 87…2 ③ 67…5 ④ 94…3 ⑤ 110…2
⑥ 144…4 ⑦ 76…7 ⑧ 79…3 ⑨ 89…7 ⑩ 68…6
⑪ 54…1 ⑫ 102…3 ⑬ 196…1 ⑭ 99…3 ⑮ 96…3
⑯ 63…2 ⑰ 94…3 ⑱ 47…4 ⑲ 82…2 ⑳ 86…8
㉑ 38…3 ㉒ 67…3 ㉓ 96…3 ㉔ 97…2 ㉕ 123…4
㉖ 76…5 ㉗ 62…7 ㉘ 87…3 ㉙ 38…4 ㉚ 102…7
① 39 ② 64 ③ 76 ④ 29 ⑤ 31
⑥ 46 ⑦ 46 ⑧ 62 ⑨ 59 ⑩ 39

P.41
① 1007 ② 3207 ③ 1614 ④ 3177 ⑤ 1166
⑥ 1368 ⑦ 1992 ⑧ 787 ⑨ 3818 ⑩ 3431
① 132 ② 284 ③ 115 ④ 312 ⑤ 272
⑥ 72 ⑦ 304 ⑧ 105 ⑨ 288 ⑩ 70

P.42
① 42320 ② 14823 ③ 27216 ④ 32368 ⑤ 27864
⑥ 22950 ⑦ 11529 ⑧ 20250 ⑨ 33644 ⑩ 32078
⑪ 12996 ⑫ 10393 ⑬ 43992 ⑭ 13050 ⑮ 38947
⑯ 18050 ⑰ 10368 ⑱ 17496 ⑲ 25920 ⑳ 32232
㉑ 13416 ㉒ 48546 ㉓ 27328 ㉔ 12122 ㉕ 41724
㉖ 17484 ㉗ 28764 ㉘ 41313 ㉙ 20888 ㉚ 14616
① 3072 ② 2592 ③ 6384 ④ 4512 ⑤ 1100
⑥ 5880 ⑦ 1728 ⑧ 1537 ⑨ 4032 ⑩ 3404

P.43
① 1549 ② 3301 ③ 2060 ④ 3343 ⑤ 1707
⑥ 2895 ⑦ 1539 ⑧ 2401 ⑨ 1753 ⑩ 3441
① 211 ② 359 ③ 342 ④ 121 ⑤ 284
⑥ 103 ⑦ 268 ⑧ 354 ⑨ 207 ⑩ 204

P.44
① 4 ② 2 ③ 1 ④ 3 ⑤ 9 ⑥ 2 ⑦ 3
⑧ 3 ⑨ 4 ⑩ 8 ⑪ 2 ⑫ 2 ⑬ 4 ⑭ 2
⑮ 2 ⑯ 3 ⑰ 4 ⑱ 5 ⑲ 4 ⑳ 2 ㉑ 8
㉒ 4 ㉓ 2 ㉔ 7 ㉕ 4 ㉖ 2 ㉗ 4
① 87 ② 89 ③ 47 ④ 68 ⑤ 74 ⑥ 53 ⑦ 47
⑧ 85 ⑨ 81 ⑩ 62

P.45
① 4033 ② 2251 ③ 4247 ④ 3101 ⑤ 3868
⑥ 3499 ⑦ 1422 ⑧ 1344 ⑨ 1210 ⑩ 949
① 362 ② 130 ③ 342 ④ 132 ⑤ 265
⑥ 125 ⑦ 102 ⑧ 255 ⑨ 181 ⑩ 381

P.46
① 20124 ② 11592 ③ 10881 ④ 11368 ⑤ 9114
⑥ 15548 ⑦ 5754 ⑧ 19188 ⑨ 24336 ⑩ 59073
⑪ 9504 ⑫ 31944 ⑬ 26312 ⑭ 15741 ⑮ 7005
⑯ 4 ⑰ 3 ⑱ 3 ⑲ 5 ⑳ 2
㉑ 9 ㉒ 2 ㉓ 4 ㉔ 3 ㉕ 6
㉖ 3 ㉗ 4 ㉘ 5 ㉙ 3 ㉚ 4
① 75 ② 34 ③ 87 ④ 24 ⑤ 63
⑥ 49 ⑦ 59 ⑧ 48 ⑨ 74 ⑩ 51

주판으로 배우는 암산 수학
매직셈

P.47
1 ①2482 ②4063 ③2222 ④3318 ⑤2936
⑥1358 ⑦4502 ⑧2225 ⑨3416 ⑩2826
①117 ②335 ③101 ④344 ⑤156
⑥372 ⑦109 ⑧254 ⑨377 ⑩151

P.48
1 ①1566 ②3724 ③1344 ④5394 ⑤3276
⑥1924 ⑦2530 ⑧1872 ⑨2232 ⑩1975
⑪2496 ⑫4032 ⑬5238 ⑭3876 ⑮2856
⑯1776 ⑰1508 ⑱3087 ⑲6132 ⑳1512
㉑2226 ㉒1118 ㉓4482 ㉔3196 ㉕3318
㉖3431 ㉗2436 ㉘2622 ㉙2047 ㉚3192
㉛1101 ㉜1107 ㉝1328 ㉞1668 ㉟1106

P.49
1 ①1898 ②4278 ③3243 ④3159
2 ①13 ②16 ③11,3 ④14,1
3 ①29,0,3,29,0,87 ②27,1,2,27,1,55
③16,3,4,16,3,67 ④13,2,6,13,2,80

P.50
1 ①8 ②6 ③9 ④8 ⑤2
⑥3 ⑦4 ⑧5 ⑨8 ⑩3
⑪7 ⑫9 ⑬5 ⑭9 ⑮3
⑯9 ⑰4 ⑱6 ⑲7 ⑳6
㉑8 ㉒9 ㉓6 ㉔4 ㉕9
㉖6 ㉗4
①1036 ②800 ③1100 ④722 ⑤977

P.51
1 ①4635 ②2358 ③4237 ④1867 ⑤4703
⑥1875 ⑦1887 ⑧1819 ⑨1970 ⑩3082
①1079 ②1082 ③992 ④1688 ⑤1499

P.52
1 ①14580 ②14013 ③41366 ④17064 ⑤35518
⑥28431 ⑦10098 ⑧6498 ⑨78144 ⑩11529
⑪30008 ⑫45401 ⑬8502 ⑭33033 ⑮33288
⑯9 ⑰9 ⑱8 ⑲9 ⑳9
㉑8 ㉒9 ㉓9 ㉔6 ㉕9
㉖9 ㉗9 ㉘8 ㉙9 ㉚9
①37…5 ②87…1 ③95…1 ④44…2 ⑤98…2
⑥50…4 ⑦95…2 ⑧93…3 ⑨81…2 ⑩71…1

P.53
1 ①4152 ②1515 ③1452 ④3923 ⑤3282
⑥2252 ⑦3262 ⑧1601 ⑨2461 ⑩3114
①1397 ②1119 ③1013 ④1392 ⑤1133

P.54
1 ①1978 ②4806 ③6308 ④4266 ⑤1824
⑥5046 ⑦5056 ⑧3648 ⑨2548 ⑩7068
⑪1431 ⑫2484 ⑬4368 ⑭2128 ⑮2478
⑯6384 ⑰768 ⑱2262 ⑲1675 ⑳1242
㉑742 ㉒2314 ㉓2726 ㉔1410 ㉕1769
㉖2436 ㉗4872 ㉘4416 ㉙4104 ㉚5168
㉛1260 ㉜940 ㉝1329 ㉞699 ㉟1658

P.55
1 ①2597 ②2496 ③3332 ④6612 ⑤1512 ⑥6768
2 ①24,2 ②16,1 ③27,1 ④18,4
3 ①13,2,7,13,2,93 ②19,0,5,19,0,95
③22,1,4,22,1,89 ④15,4,6,15,4,94

P.56
1 ①7 ②7 ③7 ④7 ⑤5 ⑥8 ⑦8
⑧6 ⑨7 ⑩7 ⑪6 ⑫8 ⑬6 ⑭7
⑮8 ⑯8 ⑰8 ⑱8 ⑲8 ⑳8 ㉑4
㉒7 ㉓7 ㉔8 ㉕5 ㉖7 ㉗8
①68 ②79 ③54 ④69 ⑤76 ⑥87 ⑦86
⑧74 ⑨65 ⑩42

P.57
1 ①2159 ②4494 ③2219 ④3635 ⑤1623
⑥3894 ⑦3666 ⑧2983 ⑨1337 ⑩3097
①714 ②1252 ③1594 ④736 ⑤1387

P.58
1 ①14732 ②31703 ③37932 ④8268 ⑤16909
⑥8712 ⑦25134 ⑧25272 ⑨39528 ⑩23408
⑪25758 ⑫31302 ⑬23425 ⑭38778 ⑮25454
⑯8 ⑰7 ⑱6 ⑲8 ⑳7
㉑9 ㉒8 ㉓8 ㉔6 ㉕7
㉖6 ㉗8 ㉘3 ㉙8 ㉚7
㉛1538 ㉜904 ㉝1272 ㉞509 ㉟1742

P.59
1 ①2330 ②3187 ③2458 ④4115 ⑤2122
⑥1433 ⑦3715 ⑧1141 ⑨3573 ⑩4325
①857 ②1254 ③1563 ④1174 ⑤1142

P.60
1 ①4292 ②1363 ③4408 ④2162 ⑤1824
⑥4012 ⑦1870 ⑧975 ⑨3564 ⑩1269
⑪4144 ⑫3854 ⑬5372 ⑭1392 ⑮3268
⑯3484 ⑰972 ⑱1682 ⑲2726 ⑳3344
㉑2511 ㉒2436 ㉓4977 ㉔2726 ㉕3648
㉖2808 ㉗5626 ㉘1664 ㉙3256 ㉚2231
㉛1202 ㉜829 ㉝1381 ㉞2137 ㉟2186

P.61
1 ①5106 ②4067 ③5301 ④2880
2 ①12,2 ②11,5 ③17,1 ④24,1
⑤13,6 ⑥32,1 ⑦19,4 ⑧12,1
3 ①5 ②2 ③8 ④2

P.62
1 ①9 ②8 ③3 ④7 ⑤9 ⑥9 ⑦6
⑧8 ⑨8 ⑩5 ⑪6 ⑫9 ⑬8 ⑭5
⑮4 ⑯4 ⑰4 ⑱3 ⑲7 ⑳8 ㉑5
㉒9 ㉓3 ㉔5 ㉕8 ㉖5 ㉗6
①74 ②83 ③93 ④58 ⑤64 ⑥64 ⑦36
⑧82 ⑨74 ⑩41